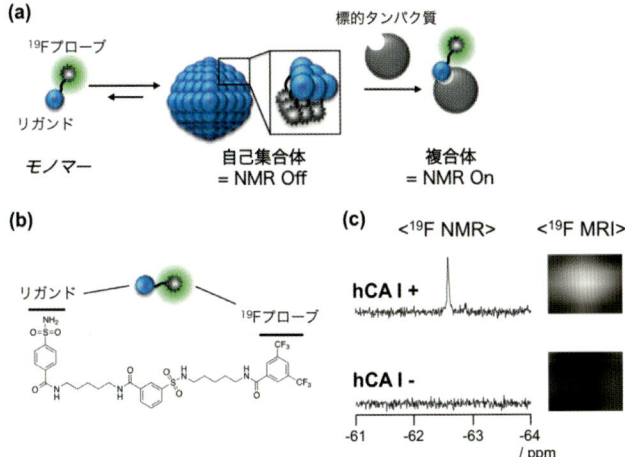

口絵 1 (本文 p.40 図 2.16 参照)

出典:Y. Takaoka, T. Sakamoto, S. Tsukiji, M. Narazaki, T. Matsuda, H. Tochio, M. Shirakawa, I. Hamachi: *Nat. Chem.*, **1**, 557 (2009).

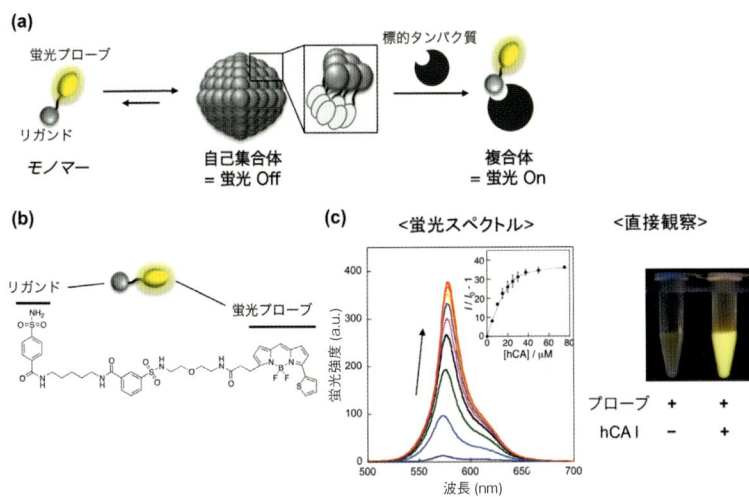

口絵 2 (本文 p.41 図 2.17 参照)

出典:K. Mizusawa, Y. Ishida, Y. Takaoka, M. Miyagawa, S. Tsukiji, I. Hamachi: *J. Am. Chem. Soc.*, **132**, 7291 (2010).

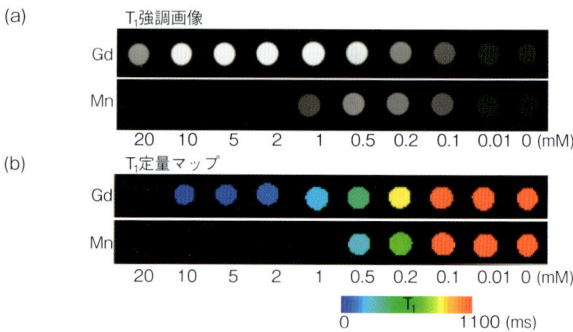

口絵 3 （本文 p.61 図 3.3 参照）

(a) 造影剤の濃度を変化させた場合の T_1 強調画像のコントラストを示す．上段は Gd-DTPA，下段は $MnCl_2$．濃度が上昇すると信号強度が増加するが，一定濃度を超える T_2 の短縮により逆に低下する．

(b) (a) と同じサンプルで計算された T_1 定量マップ．測定可能な範囲において，造影剤濃度と比較的リニアに相関するため T_1 から濃度推定が可能であるが，濃度が高すぎる場合は計測や回帰が困難（値なし）となる．

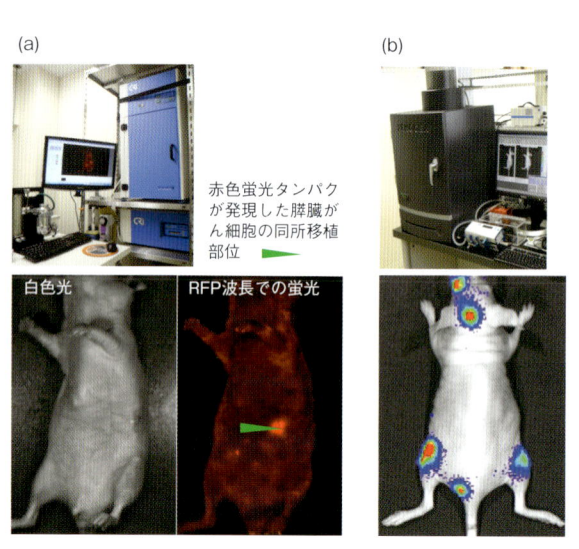

口絵 4 （本文 p.87 図 3.13 参照）

画像提供：U WinnAung 博士（放医研）

最先端材料システム One Point ⑩

イメージング

高分子学会［編集］

共立出版

「最先端材料システム One Point」シリーズ
編集委員会

編集委員長	渡邉正義	横浜国立大学 大学院工学研究院
編集委員	加藤隆史	東京大学 大学院工学系研究科
	斎藤 拓	東京農工大学 大学院工学府
	芹澤 武	東京工業大学 大学院理工学研究科
	中嶋直敏	九州大学 大学院工学研究院

複写される方へ

本書の無断複写は著作権法上での例外を除き禁じられています。本書を複写される場合は、複写権等の行使の委託を受けている次の団体にご連絡ください。

〒107-0052 東京都港区赤坂 9-6-41 乃木坂ビル 一般社団法人 学術著作権協会
電話 (03)3475-5618　　FAX (03)3475-5619　　E-mail: info@jaacc.jp

転載・翻訳など、複写以外の許諾は、高分子学会へ直接ご連絡下さい。

シリーズ刊行にあたって

　材料およびこれを用いた材料システムの研究は,「最も知的集約度の高い研究」と言われている．部品を組み立てる組立産業は，部品と製造装置さえ揃えばある程度真似をすることができても，材料およびそのシステムはそう簡単には追随できない．あえて言えば日本の製造業の根幹を支えている研究分野であり，今後もその優位性の維持が最も期待されている分野でもある．

　この度，高分子学会より「最先端材料システム One Point」シリーズ全10巻を刊行することになった．科学の世界の進歩は著しく，材料，そしてこれを用いた材料システムは日進月歩で進化している．しかし，その底辺を形作る基礎の部分は普遍なはずである．この One Point シリーズは今話題の最先端の材料・システムに関するホットな話題を提供する．同時に，これらの研究・開発を始めるにあたって知らなければならない基礎の部分も丁寧に解説した．具体的な刊行内容は以下の通りである．

　　　第1巻　　　カーボンナノチューブ・グラフェン
　　　第2巻　　　イオン液体
　　　第3巻　　　自己組織化と機能材料
　　　第4巻　　　ディスプレイ用材料
　　　第5巻　　　最先端電池と材料
　　　第6巻　　　高分子膜を用いた環境技術
　　　第7巻　　　微粒子・ナノ粒子
　　　第8巻　　　フォトクロミズム
　　　第9巻　　　ドラッグデリバリーシステム
　　　第10巻　　　イメージング

　いずれも今を時めくホットトピックで，題名からだけでもその熱さが伝わってくると思う．執筆者は，それぞれの分野で日本を代表する研究者にお願いした．またその内容は，ご自身の研究の紹介だけでなく，それぞれの話題を世界的な観点から俯瞰して頂き，その概要もわかるよう

に工夫した．さらに詳しく知りたい方のために参考文献も充実させた．

　特に読んで頂きたい方は，これからこれらの分野の研究・開発を始めようとする大学生，大学院生，企業の若手研究者等であり，「手軽だが深く学べる本」の提供を目指した．さらに，この分野の入門書としての位置づけのみならず，参考書としても充分活用できるような内容とすることを意図したので，それぞれの分野の研究者・技術者，さらには最先端トピックスの概要を把握したい方々にも充分にお役に立つことを確信している．

　本 One Point シリーズの刊行にあたっては，各執筆者はもとより，各巻の代表執筆者の方々には，各巻全体を査読頂き，表現の統一や重複のチェックなど多大なご尽力を頂いた．ここに改めてお礼申し上げる．

　　2012 年 4 月

　　　　　　　　　　　　　　　　　　　　　　　編集委員長　渡邉正義

まえがき

 標的とする生体分子や生体反応の時空間的な局在や分布を細胞, 組織あるいは個体のレベルの画像として情報を得る「イメージング」は, 病気の診断や治療効果の確認としての必要性のみならず, 生命現象を分子レベルで理解する上で重要な技術となっている. 一つのイメージング技術を確立するためには, 化学や材料に関する基礎はもとより, 生体に対する深い理解や, 実際に装置を組み上げる精緻な工学に至るまで, 様々な分野の知識や技術を必要とする. また, イメージングは薬剤を望みの部位に送達するドラッグデリバリーシステム (DDS) と切っても切れない相補的な関係にあり, 最近では治療 (therapy) と診断 (diagnosis) を同時に行うセラグノシス (theragnosis) なる造語さえも現れ, ますますの注目と期待を集めている.

 そこで本書では, 近年, 目覚ましい発展を遂げているイメージングに焦点をあてて, まずはその定義や必要性, 材料に求められるもの, あるいはDDSとの接点などについて俯瞰的な立場から概説いただいた後, プローブ技術を駆使した生体分子や生体反応のイメージングと, 医療の現場ですでに利用されている個体レベルでのイメージングについて, 最新の研究成果や装置の紹介とともに解説していただくことを企図した.

 イメージング自体はきわめて幅広い多種多様な内容からなるが, 本書はそれらを網羅的に解説する立場はとらず, 思い切って, ある意味で対極にある, 生体分子のイメージングと医療現場でのイメージングに内容を特化した. それにより物足りなさや唐突さを感じる読者がおられるかもしれないが, 異分野の方がイメージングの一端に触れたり, 関連分野の方が最新の研究・開発状況を知ったりする上では, むしろ手に取りやすい格好の書になったものと確信している. なお, 薬剤送達に関する内容については, 本シリーズ第9巻の「ドラッグデリバリーシステム」を参照いただきたい.

 著者の方々には, ご担当の各章の執筆にあたり, 材料システムの視点

からイメージングについて理解するための入門書としての位置づけのみならず，イメージングについて学ぶ参考書として利用できる内容となるよう心掛けていただいた．また，できるだけ平易な言葉を用いることで読みやすい文章とし，わかりやすい図表の挿入により迅速かつ深い理解をうながすように努めていただいた．このような無理難題に真摯にお応えいただいたことに対し，この場を借りて深い感謝の意を表したい．

　本書により，一人でも多くの方がイメージングに興味を持ち，近い将来の新しいイメージング技術の創出に寄与することができれば，編集担当としてはこの上ない喜びである．

　2012 年 7 月

編集担当　芹澤　武
片岡一則

執筆者紹介

第1章　田畑泰彦　　　京都大学 再生医科学研究所
第2章　高岡洋輔　　　京都大学 大学院工学研究科
　　　　浜地　格　　　京都大学 大学院工学研究科
第3章　青木伊知男　　放射線医学総合研究所 分子イメージング研究センター
　　　　佐賀恒夫　　　放射線医学総合研究所 分子イメージング研究センター

目　次

第1章　イメージングとは何か　　1

- 1.1 イメージングは融合研究領域 1
- 1.2 イメージングプローブの材料学 2
- 1.3 ドラッグデリバリーシステム (DDS) の材料学 ... 3
- 1.4 イメージングと DDS 技術の接点 5
- 1.5 イメージング装置とイメージング効果の評価 7
- 1.6 イメージングの必要性と守備範囲 8
- 1.7 材料から見たイメージング 9
- 1.8 化学からのイメージングへのアプローチ 12
- 1.9 おわりに 19

第2章　生体分子および生体反応のイメージング　　21

- 2.1 はじめに 21
- 2.2 核酸のイメージング 23
  - 2.2.1 蛍光 in situ ハイブリダイゼーション法による核酸検出 ... 23
  - 2.2.2 モレキュラービーコンによる生細胞核酸イメージング ... 24
  - 2.2.3 その他のプローブによる核酸検出 25
- 2.3 タンパク質のイメージング 28
  - 2.3.1 抗体によるタンパク質染色と生細胞イメージング ... 29
  - 2.3.2 タンパク質への標識によるイメージング ... 31
  - 2.3.3 酵素活性検出プローブによる細胞・個体内イメージング ... 35
  - 2.3.4 タンパク質を選択的に認識・イメージングするナノ材料 ... 37

x 目次

- 2.4 脂質・糖質のイメージング ... 42
  - 2.4.1 両親媒性プローブによる脂質イメージング ... 43
  - 2.4.2 質量分析による脂質イメージング ... 44
  - 2.4.3 脂質結合タンパク質による脂質分子のリアルタイムイメージング ... 44
  - 2.4.4 糖質検出と糖タンパク質イメージング ... 46
- 2.5 生理活性小分子のイメージング ... 46
  - 2.5.1 金属イオンのイメージング ... 48
  - 2.5.2 反応活性小分子のイメージング ... 49
  - 2.5.3 シグナル伝達物質のイメージング ... 49
- 2.6 おわりに ... 51

第3章 医療とイメージング 55

- 3.1 生体イメージングの概要と比較 ... 55
- 3.2 磁気共鳴イメージング (MRI) ... 56
  - 3.2.1 MRIの特徴と形態イメージング ... 56
  - 3.2.2 緩和時間，緩和率，緩和能 ... 58
  - 3.2.3 基本的なMRI撮像法とコントラスト ... 60
  - 3.2.4 コントラストの修飾と機能イメージング ... 62
  - 3.2.5 現行の造影剤と機能性造影剤 ... 66
- 3.3 核医学イメージング (PET/SPECT) ... 72
  - 3.3.1 放射線を使ったイメージング ... 72
  - 3.3.2 PETとPETプローブ ... 75
  - 3.3.3 ハードウェア開発と複合化 ... 77
  - 3.3.4 SPECTとSPECTプローブ ... 77
  - 3.3.5 材料に対する期待と要望 ... 80
- 3.4 X線，X線CT ... 81
- 3.5 光イメージング ... 86
  - 3.5.1 生体 (in vivo) 蛍光イメージングとプローブ ... 86
  - 3.5.2 三次元断層イメージングへの応用 ... 89

	3.5.3 生体 (*in vivo*) 発光イメージングとプローブ	90
	3.5.4 近赤外光イメージング（近赤外線分光法，吸収イメージング）	90
3.6	超音波イメージング	91
3.7	おわりに	94

索　引　　　　　　　　　　　　　　　　　　　　　　　**97**

第1章

イメージングとは何か

1.1 イメージングは融合研究領域

「イメージング」という言葉を辞書で調べると「イメージ（画像，映像，概念，および印象など）を捉え，貯え，見せること」とある．何らかの形で存在を認識できるようにすることであり，特に，存在を目に見えるようにする，すなわち可視化がいま注目されている．これを可能とするためには多くの材料，技術，方法論が必要となり，一つの分野のみでイメージングを完成，実現させることは不可能である．表1.1にイメージングに必要となる技術とそれに関連した研究分野をまとめる．この表からわかるように，イメージングとは異なる研究分野にまたがる境界融合領域である．

イメージングのための可視化材料（イメージングプローブと呼ばれている）の研究開発が重要であることは言うまでもないが，イメージング材料をイメージングしたい部位に効率よくデリバリーする技術も，同じ程度に重要である．イメージングプローブが必要部位にデリバリーされた後，その場所や濃度を感度よく検出できなければならない．これを可能とするためには，プローブから得られた信号を感度よく検出する周辺装置に加えて，

表 1.1 イメージング関連領域と必要となる研究分野．

関連領域	研究開発内容	必要な研究分野
分子プローブ	イメージング材料の開発	材料学，化学
DDS	イメージング材料デリバリー	材料学，化学，薬学
周辺装置	イメージング装置の開発	機械，電子工学
解析ソフト	イメージング処理	情報工学
細胞・動物実験	イメージング効果の評価	生物，医学

信号をうまく処理する解析ソフト技術が不可欠となる．生物の医学領域のイメージングの主な目的は，組織レベルあるいは細胞レベルでの可視化である．そこで，イメージングプローブが目的通りに働いているのかを評価するための生物実験，細胞実験，および動物実験なども必要である．つまり，イメージングプローブ材料とそれを必要部位にデリバリーする材料，イメージング検出とそれを解析する技術，生物医学的評価技術などの異なる研究領域の全ての技術がうまく連携して初めて，イメージングとして意味のある研究成果が得られると考えられる．本章では，これらの必要分野の中で，材料学との関係の深いイメージング材料とそれをデリバリーする材料を中心に述べる．

1.2 イメージングプローブの材料学

イメージングプローブとはイメージング（可視化）を可能とするための材料である．この材料は基本的に二つの部分からなっている．一つ目は検出部分であり，もう一つは検出効果を増強する部分である．検出部分には，可視化の方法と物質の性質などによって，様々な化学物質が利用される（表1.2）．イメージング効果の増強には，イメージング部位周辺におけるpH，温度およびイオン強度などの物理環境の変化によって応答，変化する物質が利用される．これらの応答物質と組み合わせることで，プローブが存在する部位において，物理環境の変化にしたがい，検出化学物質のイメージング効果が高まる．あるいは，イメージングが必要な部位でのみ変化する物理環境を利用する場合には，イメージングが不要な部位における検出効率は低下し，結果として必要部位におけるイメージング効率を高めることができる．これはイメージングの部位特異性を高める一つの方法であり，後で具体例を説明する．

表 1.2 イメージングのために利用される可視化物質．

検出方法	検出物質
光	色素，蛍光物質
磁場	フェライト（酸化鉄），^{18}F，Ga^{2+}
音波	色素，フェライト（酸化鉄）
電気	色素，酸化物，イオン
放射線	放射性同位体

1.3 ドラッグデリバリーシステム (DDS) の材料学

　天然物質からの抽出，有機合成や遺伝子組み換えによって新しい薬が生み出されても，それをそのままヒトに投与できる薬はほとんどない．例えば，保存時に不安定な薬を安定化したり，粉末で飲みにくい薬を錠剤化したり，水に溶けない時は水可溶化するなどの工夫が加えられなければ，治療薬としては役に立たない．加えて，治療薬の投与方法にも工夫が必要である．薬が効くのは，口から服用されたり注射されたりした薬の分子が体内のある特定の細胞に到達し，細胞に刺激を与えるためである．しかしながら，実際には投与された薬のほんの一部しか作用部位に到達できない．ほとんどは何もしないままに排泄されたり，悪いことには，しばしば正常細胞に作用して副作用の原因となる．そこで，理想的な薬の投与方法は，その薬分子を必要な時に，必要な量だけ，必要な細胞に送り込むことである．これは当然のことであり，従来の研究開発ももちろんこの基本に従って進んできたが，製剤技術が未熟なために，うまく機能しているとはとても言えない状況であった．ところが，近年の生物医学と医工学の進歩によって，それが少し現実味を帯びてきている．すなわち，様々な材料・技術・方法論を用いて，薬をその作用部位へ送り込むことができるようになり始めている．このように，薬の時間的・量的および空間的な動きをコントロールすることを目的とした研究領域はドラッグデリバリーシステム (drug delivery system, DDS；薬剤送達システム) と呼ばれている[1]．

　DDS の目的には，薬を持続的に徐々に放出（徐放）すること，体内の半減期が短い薬の寿命を延長すること（薬の長寿命化），種々の部位での薬の吸収を促進すること（薬の吸収促進），あるいは薬を目的とする標的組織や細胞のみに送達すること（薬のターゲティング）などが考えられる（図 **1.1**）．DDS 技術・方法論は，低分子治療薬だけではなく，タンパク質や遺伝子などの高分子治療薬にも大きな影響を与えてきた．あるいは，これからも与えていくことは疑いない．DDS は典型的な学際融合領域であり，これまでも多くの先端科学技術を巻き込んだ形で展開してきているが，より新しい分野，より新しい技術を取り入れていくことで，さらに展開していく可能性を秘めている．例えば，治療薬の濃度を数か月にわたって一定に維持しようとすれば，ポンプを用いたり薬を貯蔵庫から一定速度で溶出させたりする工夫が必要である．薬を結合したり，包み込むためのキャリア

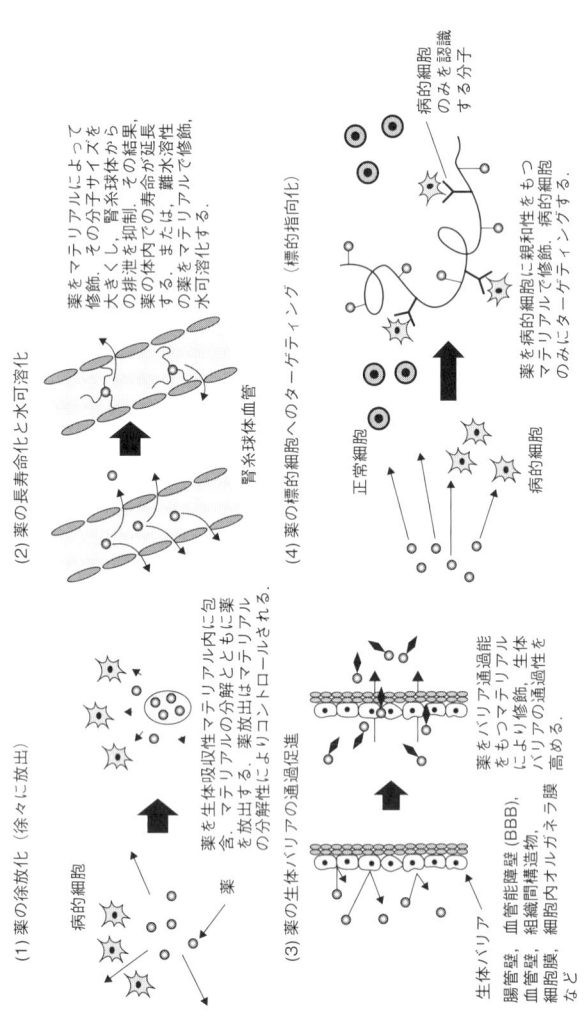

図 1.1 生物活性をもつ物質（薬）に対する四つの DDS 技術・方法論．

材料の設計においては材料学が，連続注入ポンプの設計においては機械工学が欠かすことはできない．また，情報工学・コンピュータ工学による薬の放出制御，光，超音波，電気，磁気，圧力などの外部物理刺激による薬の吸収と作用発現の制御は，機械工学と電子工学抜きでは実現できない．

このように，これまでの DDS 研究開発の歴史やその発展の経緯から考えると，ドラッグ＝治療薬であり，治療効果を増強させることを目的として DDS は発展してきた．しかしながら，DDS の対象は治療薬だけにとどまるものであろうか．ドラッグ＝治療薬＝薬物治療という概念にとらわれていることが多いのではないか．ドラッグとは何らかの作用をもつ物質として定義され，DDS とはこの物質の動きをコントロールすることによって，その作用部位に望ましい濃度－時間パターンのもとに選択的に送り込み，結果として，最高の生物効果を得ることを目的とした物質の送達に関する一般的な概念である．対象分野や体外・体内に関係なく，不安定かつ作用部位の特異性もないドラッグ（物質）の動きをコントロールし，生物医学効果を発揮させるための材料・技術・方法論が DDS であると考えれば，DDS が生物医学研究と医療の基盤テクノロジーであることがわかるであろう[1,2]．

イメージングに対するドラッグは前述のイメージングプローブである．別な言い方では診断薬である．このイメージングプローブと材料とを組み合わせることによってプローブのイメージング効率を増強させる．イメージングでは，いかに良いプローブ材料があったとしても，それが必要とされる部位で，うまく作用しないと全く意味をもたない．そのため，イメージングを成功させるには，DDS はイメージングプローブ技術と同様に重要であり，しかも必要不可欠な技術である．

1.4 イメージングと DDS 技術の接点

イメージングとは分子レベルでの物質の動きを可視化することである．可視化にはイメージングプローブとそのプローブを検出する技術・方法論が必要となる．放射線，磁気，光，励起エネルギー，超音波などの物質量が検出の対象となる．これらの検出効率を高めるために，陽電子放出断層画像 (PET) 法，単光子放出断層画像 (SPECT) 法，磁気共鳴イメージング (MRI) 法，発光試薬などが研究開発されている．検出効率はプローブ自身の性質に依存するが，可視化効率にはプローブの時間的・量的・空間的な制御と検出の感度が大きく関係する．すなわち，プローブを検出したい時

間に,適切な濃度で,検出部位にデリバリーすることが必要である.これはまさしく前述したDDSの概念である.検出する物理量に関係なく,標識プローブを薬と考えれば,DDS技術の導入がイメージング効率の向上に不可欠であることが理解できるであろう.

前述のDDSの四つの目的にイメージングプローブを当てはめてみると,例えばイメージングプローブをその必要局所で徐放化することができれば,プローブの局所濃度は長期間維持され,その結果としてイメージング効率は高まる.ほとんどのイメージングプローブは低分子物質であるため,体内に投与された後,その部位にとどまらず容易に排泄されてしまう.あるいは血液中に投与された場合にも,ほとんどが腎臓から排泄されるため血液中での寿命は極めて短く,必要とされるイメージング目的の部位にプローブがたどり着かない.あるいはプローブが難水溶性の場合は,それ自身を体内に投与することは実際上難しい.体内に投与された場合は投与部位で析出・沈殿したり,血管内へ投与された場合は血液中で析出し,血管をつめてしまう可能性もある.そこで,DDS技術を利用してプローブを安定化および水可溶化することが重要となる.一方,例えば,血液中に投与されたイメージングプローブをがん組織へと集積させるためには,プローブをがん血管の壁を通過させ,がん組織内に到達させることが必要である.DDS技術を活用してプローブのがん血管壁の透過性を高めることができれば,これが可能となる.あるいは,プローブにがん細胞や組織を認識する物質(リガンドや抗体)を組み合わせ,またプローブをがんにターゲティングすることができれば,がんのイメージング効率の向上が期待できる.このように,その目的に合わせてDDS技術をうまく組み合わせることによって,プローブをそれが必要とされている部位に,必要とされる量で,必要な時期にデリバリーすることが可能となる.これによりイメージング効率が高まる.

加えて,細胞内へ標識プローブを効率よく取り込ませたり,プローブの細胞内寿命を延ばしたり,細胞内の特定部位へのプローブをターゲティングさせたり,その特定部位でプローブを徐放させたりすることができれば,細胞内での物質の動きを解析する強力な研究ツールとなる.これだけでなく,細胞に対するイメージング技術は移植細胞の体内動態トレーシング法としても活用できる.がん,心疾患,動脈硬化などの病的部位のイメージング,あるいは神経や脳のイメージングに対しても,プローブの安定化や

その必要部位へのターゲティングなどの DDS 技術によってイメージング効率は大きく改善されるであろう．細胞移植や細胞増殖因子，足場などの組織工学技術によって生体組織の再生治療（一般には再生医療と呼ばれている）が具現化している．これは，これまでにはない生体のもつ自然治癒力を活用した新しい治療法であり，体にやさしい理想的な方法である．しかしながら，この治療効果を正しく評価するための診断学が治療学に追いついていない．微小径の新生血管や再生神経などの存在とその機能とを可視化するためのイメージング技術の研究開発が急がれる．医薬品開発に対する分子イメージングも新しい分野である．これらの新しい分野へ応用できる分子イメージングの効率を高めるためにも，プローブの時間的・量的・空間的な制御のできる DDS 技術は必要不可欠となる．

近年，治療と診断を同時に行うというセラグノシス（theragnosis, 1.8 節で詳述）という分野が注目されている．治療薬とプローブとの複合体をデザインし，それを体内に投与する．目的部位に到達していることを確認した後に，治療を行うという方法論である．これにより治療効果のさらなる向上が期待される．この複合体のデザインには，治療薬とプローブとをうまく組み合わせるための DDS 技術が不可欠である．このように，これまでは別々に考えられ，行われていた治療と診断とを組み合わせることによって，薬物治療，遺伝子治療，放射線治療，再生治療などの治療効果の評価を同時に行うことができるようになる．

1.5 イメージング装置とイメージング効果の評価

イメージングプローブの信号をより感度よく検出するためには，DDS 技術で必要部位での濃度と時間を制御することに加えて，検出装置の技術を高める工夫も必要不可欠である．また，得られた信号からより多くの情報を得るためには，周辺解析ソフトの研究開発が不可欠である．これらの周辺装置に関しては，第 3 章を参照されたい．いかにイメージングプローブ，プローブと DDS との組み合わせ，およびイメージング装置の技術が進歩しても，そのイメージング効果を実際に確認することが必要となる．細胞や動物を用いた実験を通して，得られたイメージングプローブが機能するかどうかを調べることが重要であり，その実験結果をフィードバックすることにより，より効率の高いイメージングプローブを開発していくことが可能となる．しかしながら，現実的にはこの部分がうまく機能していない

ことが多い．プローブと装置の開発は工学・理学分野である．これに対して，細胞や動物による評価は生物・薬学・医学分野が担当する．材料装置が準備でき，それを評価する，この当たり前の流れが必ずしもうまく動いていない場合がある．異なる研究領域がお互いに協力し合うことが重要である．

1.6 イメージングの必要性と守備範囲

生物・医学分野のイメージングには，大きく分けて医療と生物医学研究の二つの分野がある．その中には体内で行うものと体外で行うものがある（表 1.3）．一般的なイメージングのイメージは，病気の診断であろう．例えば，がんに集積しやすいイメージングプローブを血管内に投与することによって，がんを可視化検出するイメージングは最もよく知られているとともに，その研究開発もよく進んでいる．その次に研究開発が盛んなものは，動脈硬化部位の検出である．これらのイメージング技術により診断学は進歩し，病気の早期発見の点で患者に大きな福音となっている．他の病気の診断にもイメージング技術は応用されるべきであるが，残念ながら，その研究の試みはほとんどない．

体内診断以外にもイメージングが必要な分野がある．それは体外診断である．これには二つのアプローチがある．一つは手術中での診断であり，もう一つは検査のための診断である．とくに前者では，病的部位から採取された組織の異常を細胞レベルで，迅速に検出することが必要である．これまでは病理医が顕微鏡で観察し，その病理診断を行っていた．この分野にもイメージング技術を導入することで，より正確で迅速な診断を行うことが求められている．

再生医療とは，体本来のもつ自然治癒力を高めることにより病気を治すという治療法であり，近年，注目されている．この治療法はこれまでの医

表 1.3 イメージングが応用される生物・医学関連研究分野．

研究分野		具体例
医療 （治療，診断，予防）	体内	がん，動脈硬化の診断，再生治療効果の診断，生体防御機能の診断
	体外	病理診断，生体成分検出
生物医学研究	体内	医療のための動物実験診断，移植細胞の動態追跡
	体外	細胞内局在の評価，細胞活性，機能の評価

療と異なり，体内に存在する細胞の増殖・分化（細胞力）を促すことによって自然治癒力を高め，病気を治す．そのため，病気の再生治癒過程で重要となる細胞の体内動態，および細胞の生物機能（細胞内物質の増減，遺伝子発現レベル，細胞からの生理物質の放出パターン，細胞の増殖，分化度など）をイメージングすることが必要となる．再生修復プロセスが正常に働いていれば，そのまま治療を続けることができる．もし，正常に働いていない場合には，別の治療法を選択することになる．この治療判断のための診断技術が重要である．診断のために体外に取り出された組織の細胞力を調べることも再生医療の良し悪しを決める重要な方法論となる．プローブを利用した細胞内のイメージング技術は，診断学だけではなく，細胞研究にも必要となっている．再生治療のために移植する細胞力の高い幹細胞の研究が活発になり，細胞の増殖，分化，生物機能を検出イメージングすることが重要となってきている．加えて，得られた細胞移植による再生治療効果を評価するために，移植細胞の体内動態とその機能発現を正確に評価するイメージング技術の研究開発が望まれている．

以上のように，イメージングの必要性とその広い範囲について強調した．しかしながら，それを利用するために，良い点も悪い点も考えておくべきである．プローブを用いないイメージング法もあるが，効率の高いイメージングを行うためには，プローブを使うことが必要である場合が多い．そのため，イメージングプローブ自身の毒性および物質の体内残存によるマイナス要因も考慮する必要がある．イメージングが必要とされない部位に存在するイメージングプローブおよびそのDDS材料，あるいは，イメージングの役割が終わったプローブとDDS材料などの運命について，体内応用では特に注意を有する．

1.7 材料から見たイメージング

イメージングプローブとそのDDS修飾のデザインと作製のためには，材料が必要不可欠である．プローブは，その検出方法によって用いられる検出物質が異なる．光イメージングではより発光効率の高い物質，また，体外からのイメージングを考えた場合には，体内透過性の点から長波長で検出できる物質の利用が望まれている．磁場イメージングでは，高い核磁気共鳴(NMR)活性をもつ物質の研究開発が重要となる．音イメージングでは，例えば光音響効果の場合には，光エネルギーの吸収効率が高く，かつ光

エネルギーを効率よく音へ変換できる性質をもつ物質が必要となる．しかしながら，エネルギー吸収効率とその変換効率がいかに高くても，用いる材料の細胞毒性や組織毒性が強ければ，利用することができない．検出効率と毒性とのかね合いを常に考えながら，イメージングプローブをデザインすることが必要となる．検出効果を増強するための物質をデザインする時には，イメージングしたい部位における局所環境をよく考えながら，その環境変化に応答する物質を創製するべきである．この場合にも同様に毒性への考慮を忘れてはならない．

DDS材料は前述の四つの目的に合ったものにデザインする必要がある．それと同時にイメージングプローブとの結合様式もそのイメージング効率に大きく影響する．全ての場合にあてはまる基本概念として，DDS修飾によりプローブのイメージング効率が損なわれてはいけない．DDS修飾の目的は，あくまでもプローブを必要な部位に，必要な量を，必要な期間にわたって存在させることである．デリバリーする時には，プローブはDDS材料と結合していることが必要となるが，イメージング部位にデリバリーされた後では，DDS材料とプローブは解離，放出されることが望ましい場合も多い．プローブの結合‑解離，放出については，常に化学的，物理的に考えることが必要である．

表1.4はDDSに応用可能な材料をまとめている．高分子，金属，セラミクス，あるいはそれらの複合材料が，イメージング効率を高めるDDSのために，その目的によって使い分けられる．DDS材料の形態はその形状と分子サイズによって分類される．イメージングプローブは低分子や水溶性高分子によってプローブが修飾された場合には，DDS修飾されたプローブ

表 1.4 DDSに応用可能な材料．

形態	種類	DDS目的
水溶性	低分子（リガンド） 高分子（抗体）	安定化，水可溶化，透過促進 ターゲティング
ナノ粒子	複合体 高分子ミセル リポソーム	安定化，水可溶化，透過促進 ターゲティング
粒子	高分子 金属 セラミクス 複合体	徐放化，安定化，水可溶化，吸収促進 ターゲティング

は水溶性の形態となる．その修飾方法には化学結合およびクーロン力や疎水性相互作用などの物理結合がある．DDS 修飾によって，プローブの性質やサイズを最適化し，イメージング効率を高める．一つの分子中に親水性と疎水性領域をもつ分子は，それ自体が自己会合することによりミセルを形成することが知られている．親水–疎水のブロック共重合体やグラフト共重合体などの高分子や脂肪酸などの低分子は，それぞれ高分子ミセルやリポソームを形成する．イメージングプローブをこのミセル中に内包，あるいはミセル形成分子に化学結合および物理結合させることもできる．マイクロメートルオーダーのより大きな粒子は，高分子，金属，セラミクス，およびそれらの複合体から形成される．この場合も，イメージングは粒子内に含有，あるいは表面に化学および物理結合されて，利用される．

DDS 修飾法と目的に応じて，イメージングプローブの体内動態を変化させることができる．まず，DDS 材料からプローブを長期間にわたり徐々に放出（徐放）することでプローブの局所濃度を高め，イメージング効率を高めることができる．次に，プローブを水可溶化および安定化できる．難水溶性のプローブは，前述したようにそのもの自身の体内投与が難しい．そこで，DDS 化により水可溶化し，プローブの体内使用性を改善する．分子サイズの小さなプローブでは，体内に投与されたプローブは体内では腎臓から尿中排泄されてしまう．そこで，材料と組み合わせることで，その見かけの分子サイズを大きくし，体内での寿命を延長する．

一方，吸収促進性をもつ DDS 材料と組み合わせることでプローブの生体バリアの透過性が改善される．ここで，透過性の向上が必要な部位はイメージングの目的によって異なる．例えば，プローブを血管内投与し，がん細胞をイメージングすることを考えてみる．プローブはがん組織中で，がん血管から組織に移行する必要があり，そのために必要となるのは血管壁透過性の向上である．次に，がん血管から出たプローブはがん組織内を透過していくことが必要である．さらに，がん細胞内をイメージングするためには，プローブはがん細胞の細胞膜，次に核膜を透過することが要求される．

このようにイメージングプローブが目的部位に到達するまでには，多くの生体バリアが存在し，それを透過していくことがイメージング効率と質を高めるための鍵である．もし，DDS 修飾によってプローブが血液中で安定であり，より長く循環するならば，プローブのがん組織移行の確率が高ま

るであろう．水溶性高分子や高分子ミセル，リポソームによる DDS 修飾でプローブの血中寿命が延長できることが報告されている．さらに，必要部位を認識できる抗体やリガンドと組み合わせることで，プローブを特定の部位や細胞にターゲティングすることができる．水溶性高分子やナノ粒子と抗体やリガンドを化学結合および物理結合させることにより，プローブをその標的部位へターゲティングすることも可能となる．

DDS はその研究開発の経緯から，対象となる薬は治療薬であり，その効果を高めるための技術という印象が極めて強い．ところが，DDS 技術を診断薬に応用すれば，診断効果が上がることは疑いない．これまでにも DDS に関する成書が出版されている．それらの内容を見ながら，治療薬をイメージングプローブ（診断薬）に置き換えて，想像力を逞しくして，いろいろなアイデアを考え出していただきたい．

1.8 化学からのイメージングへのアプローチ

イメージングを実現するためには，いろいろな研究領域の融合が必要であることを述べた．必要な領域としては，材料学，化学，薬学や機械・電子工学，情報工学，生物医学である．これまでにも，これらの異分野融合によるイメージングに関する研究が報告されているが，ここでは具体的な研究成果を説明しながら，材料学や化学の果たす役割が大きいことを強調したい．

MRI において臨床使用されているプローブに Gd^{2+} イオン（マグネビスト）がある．この物質はイオン状態では毒性が強いため，ジエチレントリアミン 5 酢酸 (DTPA) によりキレートされた形で利用されている．しかしながら，その物質自身に組織特異性がないことから，血管内投与後に物質が体全体に分布してしまう．例えば，がん組織と正常組織との違いを，コントラストをつけて可視化する方法には改良の余地があった．解決策の一つとして，がん組織と正常組織の体内環境の違いを利用することが考えられている（表 1.5）．局所 pH 変化により構造変化を起こす化合物に Gd^{2+} を包接する分子デザインが報告されている[3]．この原理としては，pH が中性から酸性にシフトすると包接分子の構造が変化し，包接されている Gd^{2+} イオンが包接分子の外側に露出し，周辺の水分子との接触確率が上昇，MRI 活性が高まる．pH 変化によって Gd^{2+} の MRI 活性が変化する機能性プ

表 1.5 体内環境の違いを利用した光イメージングプローブの開発.

体内環境	プローブ	イメージング部位	ターゲティング物質	文献
pH	ボディパイ [11-13], シアニン染料 [14], Gd^{2+3}	破骨細胞 [11], カテプシン [12], HER-2 遺伝子 [13], Rvβ3 インテグリン [14]	ビスフォスフォネート [11], システインプロテアーゼ阻害剤 [12], トラスツズマブ [13], cRGD [14]	3), 11), 12), 13), 14)
温度	カルセイン [15,16], ローダミン [15]	メラノーマ腫瘍 [15], がん組織 [16]	*DOTA-フェニルボロン酸 [15]	15), 16)
pH+温度	*ICG [17]	がん細胞 [17]	プルロニックポリエチレンイミン [17]	17)
その他	Cy5 [18], ローダミン誘導体 [19], *NBD [19], Cy7 [20] *ICG [20], Cy7 [20]	ヒト T 細胞白血病細胞株 [18], グルコース [19], 活性酸素種 [20]	アプタマー [18], アミノフェニルボロン酸 [19]	18), 19), 20)

*DOTA (1, 4, 7, 10-テトラアザシクロドデカン-1, 4, 7, 10-四酢酸)
*ICG (インドシアニングリーン)
*NBD (ニトロベンゾフラザン)

ローブでの一例である．このプローブは中性 pH の血液中では可視化されない．しかしながら，このプローブが炎症の起きている酸性 pH のがん組織に到達すると，イメージング活性が出現し，血液中とがん組織とのイメージングのコントラストが高まる．

がん組織と正常組織の間には解剖学的な違いがあることが知られている[4]．がん組織中の血管は未熟なものが多く，血管壁の物質透過性が正常組織の血管壁に比べて亢進している．加えて，がん組織では下水道としての役割をもつリンパ管が未発達である．この二つの解剖学的特徴から，ある特定の分子サイズをもつ物質ががん組織に蓄積しやすいと考えられている．この現象は EPR (enhanced permeability and retention) 効果と呼ばれ[5]，この特徴を利用して物質をがん組織へデリバリーすることができる．この EPR 効果を利用した抗がん剤のがんへのターゲティング研究が報告されている[6]．治療薬からイメージングプローブ（診断薬）に変えることで，この方法論をがんイメージングに応用することができる．EPR 効果によって，がん組織に蓄積しやすい分子サイズをもつデキストランに金属キレート残基を化学導入する．この残基に Gd^{2+} イオンをキレート固定化する．この Gd^{2+} 導入デキストランを担がん動物の血管内に投与したところ，デキストラン修飾していない低分子のキレート Gd^{2+} イオンに比べて，Gd^{2+} 導入デキストランによるがん組織のイメージング効果が高くなった．さらに，このデキストランに蛍光物質を化学導入し，担がん動物へ血管内投与した後にがん組織に光照射を行ったところ，がん組織での高い光可視化が認められた．この研究によって一つの高分子に MR と光との二つのイメージング活性をもたせることが可能であると実験的に証明された．

医療現場において，診断と治療との関係は相補的である．そこで，この二つを同時に行うことができれば，その医療における価値は大きいものとなる．これは治療 (therapy) と診断 (diagnosis) とを同時に行うという発想でありセラグノシス (theragnosis) と呼ばれている．一つの分子中に治療薬と診断薬（イメージングプローブ）との両方をもたせた DDS システムが考案されている[7,8]．フラーレン (C_{60}) は，光や超音波照射により照射周辺に存在している酵素を活性酸素に変換する光化学触媒の性質をもっている．そこで，この C_{60} をがん組織へデリバリーできれば，その部位のみを光や超音波照射をすることによって，生成活性酸素でがんのみを殺すことができると考えられる．このアイデアを実現するためには二つの改良す

べき点がある.一つは C_{60} が水不溶性物質であること,もう一つはそれ自身にがんへの集積性がないことである.そこで,その解決技術としてポリエチレングリコール (PEG) を C_{60} 分子表面に化学導入した.この PEG 導入により C_{60} 分子は水可溶化され,かつ C_{60} ががんに集積されやすい分子サイズとなった.次に,導入 PEG 分子鎖末端にキレート残基を化学導入,それに Gd^{2+} をキレート固定した.その結果,がん組織へ集積しやすい分子サイズをもつ治療薬 C_{60} と MRI プローブ Gd^{2+} とが一つの分子中に組み込まれたセラグノシスシステムが得られた.この DDS システムを担がん動物の血管内に投与したところ,期待通り,がん組織へ集積された.また,MRI により,その集積の可視化も可能となった.この可視化イメージングを行いながら,最も多くの C_{60} が集積したタイミングで,がん部位に外部から光あるいは超音波照射を行った.その結果,がん治療効果が認められた[7].セラグノシスシステムを用いたがんターゲティングの試みは,高分子ミセルに対しても行われている[9].

がん診断以外にも,イメージング技術の有効展開が始まっている.それは再生治療の診断学である.これまでの評価法では,生きた状態で細胞の機能を経時的に評価することは難しい.また,再生された組織や臓器の組織学的および生化学的評価も侵襲的であり,その機能的評価は不可能であるため,そのままでは再生治療の診断法としては利用できない.再生治療の評価法には次の二つの技術が必要である.一つは,再生治療過程を正確に捉え,さらに再生された組織や臓器の機能が評価できる技術である.もう一つは,非侵襲的に生体内細胞の移植後の運命およびその機能を経時的に追跡できる技術である.これらの評価が可能となれば,例えば治療開始後の再生修復の進行状態を診断し,次の治療計画をたてることができる.診断と治療の組み合わせは,正確な治療を行うためには必要不可欠である.

現在,細胞移植あるいは血管再生能をもつ細胞増殖因子の徐放化ハイドロゲルの投与による虚血疾患に対する血管誘導治療がヒトにおいて進められている.しかしながら,現在の診断法では微小径の新生血管を検出することができないため,患者の病状が良くなっているにもかかわらず,血管造影検査結果では変化なしという不思議な状況が起こっている.再生治療にその診断学が追いついていない.再生治療に必要となる分子イメージング技術・方法論を図 **1.2** に示す.

新生毛細血管の内皮細胞には,特殊なインテグリンレセプターが発現し

16　第 1 章　イメージングとは何か

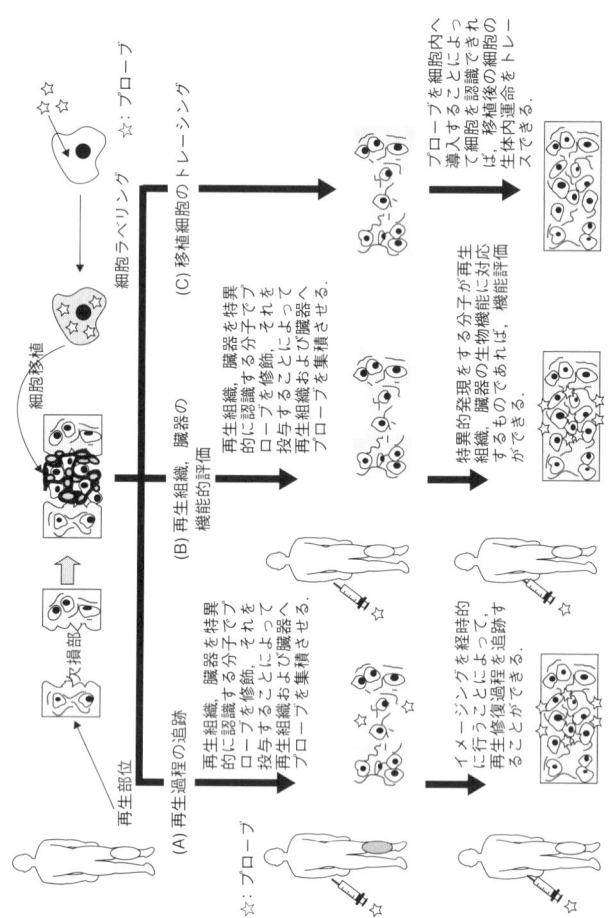

図 1.2　再生医療のイメージング技術・方法論.

ていることが知られている．このレセプターリガンドである cyclic RGD (cRGD) を利用することで新生血管にイメージングプローブをデリバリーすることが可能となる．cRGD とプローブを濃縮するために，それらを高分子化することを考えた．臨床応用が可能で分子量の異なるデキストランに cRGD を化学固定化した．2 種類のプローブを cRGD 固定化デキストランに化学導入した．光プローブとして Cy5.5 を，MRI プローブとして Gd^{2+} を用いた．Gd^{2+} はキレート残基である DTPA をデキストランに化学導入後，Gd^{2+} イオンをデキストラン分子にキレートさせた．ラット下肢の血管を外科的に結紮することで虚血モデルを作製した．このラットに Cy5.5 と Gd^{2+} 導入 cRGD 固定化デキストランを静脈内投与した．cRGD 未固定化のデキストランと比較して，虚血肢での血管がより強く光可視化と MR 可視化が認められた（図 **1.3**）．これは cRGD によりイメージング分子がターゲティング，濃縮されたことが理由であると考えられる．

再生骨の DDS 化イメージング技術として，カルシウムに親和性をもつパミドロネートを利用した例を示す．パミドロネートは骨粗鬆症の治療薬であり，新生再生骨のカルシウム沈着物に集積する性質をもつ．そこで，このパミドロネートを Cy5.5 と Gd^{2+} とを導入されたデキストランに化学固定した．骨形成因子 (BMP) を徐放化できるハイドロゲルをマウス背部

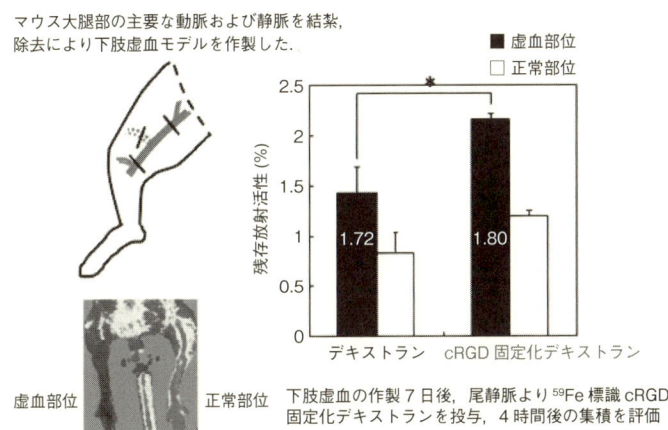

図 **1.3** cRGD 固定化デキストランによる虚血部位新生血管のイメージング．

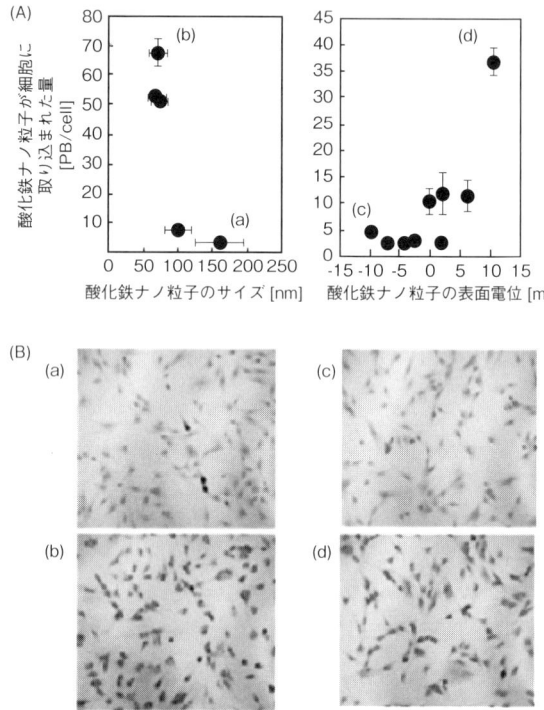

図 1.4 表面電位（+10 mV, 左側）とサイズ（80 nm, 右側）が一定の酸化鉄ナノ粒子を用いた．酸化鉄ナノ粒子 10 mg を MSC (5×10^4 cells) とともに培養した．
(A) 酸化鉄ナノ粒子が MSC に取り込まれた量を原子吸光法を用いて測定した．
(B) 取り込まれた酸化鉄ナノ粒子を鉄染色にて可視化した．(a)〜(d) は上図 (A) の各サンプルに対応している．

皮下に埋入した．時間とともにハイドロゲル周辺に骨形成が認められた．この異所性骨形成モデル動物に Cy5.5 と Gd^{2+} 導入パミドロネート固定化デキストランを静脈内投与したところ，パミドロネート未固定デキストランに比較して，有意に多くのデキストラン集積が見られ，その部位での光と MRI が認められた[10]．BMP により皮下に形成された骨組織中に沈着したカルシウムをパミドロネートが認識し，形成骨にプローブが集積され，その結果として，骨がイメージングされたと考えられる．

細胞ラベリングはプローブの細胞内導入によって細胞をラベル化し,移植後の細胞の生体内運命を評価することが主な目的である.細胞ラベリング効率を上げるためには,細胞への導入効率がよく,しかも細胞毒性の低いプローブの研究開発が重要である.これまで,プローブの細胞内導入には,遺伝子導入試薬(リポフェクタミン,ポリ-L-リジン,プロタミン,センダイウイルスエンベロップ (HVJ-E) など)やエレクトロポレーションなどの物理エネルギーの併用が必要であった.この併用は手技が煩雑であり,時として細胞毒性が問題となっていた.そこで,サイズおよび表面電位をコントロールして作製した酸化鉄ナノ粒子を用いることで,遺伝子導入試薬あるいは物理エネルギーを併用することなく,酸化鉄ナノ粒子をラット骨髄由来間葉系幹細胞へ導入することが可能となった[21].細胞への酸化鉄ナノ粒子の取り込みは,粒子のサイズおよび表面電位に大きく依存したが(図 **1.4**),酸化鉄ナノ粒子の取り込みが細胞の生存率ならびにその骨分化能に影響を与えなかった.これらの結果は,酸化鉄ナノ粒子が幹細胞のMRI トレーシングプローブとして有用であることを示している.

再生治療の診断法としてのイメージング技術は,その重要度が大きいにもかかわらず,まだ着手されていない研究領域である.再生組織や臓器の特異的なイメージングには,イメージングプローブと再生組織や臓器を特異的に認識する分子あるいは親和性の高い物質との複合材料デザインが必要となる.また,そのプローブの能力を最大限に発揮するためには,プローブを標的部位に適当な濃度で,適当な時間に送達するための DDS 技術を活用することが必要である.イメージング概念と DDS 技術とが融合することによって,再生治療のイメージングはその診断学としての目的を達成できるようになるであろう.

1.9 おわりに

イメージング分野は典型的な融合研究領域である.本書の読者は材料を専門としている方が多いと思われる.紙面の限界と何よりも筆者の不勉強で全ての研究を網羅することはできなかったが,この章を読んでいただいて,イメージング分野は医療や生物医学にとって極めて重要であること,まだまだ未解決な問題が多く残っていること,これからの発展が大いに期待できる研究分野であることは,わかっていただけたと思う.この分野の発展には,材料学や化学を専門とする研究者が,自分たちの分野だけでな

くイメージング分野や関連する他の研究分野に積極的に飛び込み，境界領域を切り拓いていく勇気が必要である．イメージング，再生治療，ナノテクノロジーなどの近年，研究開発のキーワードとなっている分野は全て境界融合領域である．これらは単独分野のみでの発展は極めて難しく，融合することによってのみ実現が可能となる．材料学と化学は「もの作り」の中心的な役割をもつ．その作られたものがどのように役立つのか，どのように利用されるのかをしっかりと理解し，今後の発展が期待されている融合境界領域に果敢に飛び込み，新規な分野を開拓していってほしい．本稿によって，たとえ1人でも，研究者がイメージング研究を目指す気持ちになっていただければ，筆者としては望外の喜びである．

引用・参考文献

1) 田畑泰彦：「ドラッグデリバリーシステム DDS 技術の新たな展開とその活用法」，(メディカルドゥ，2003)．
2) 田畑泰彦：バイオテクノロジージャーナル，**6**，553 (2006).
3) P. Caravan *et al.*: *Chem. Rev.*, **99**, 2293 (1999).
4) H. Maeda: *Adv. Enzyme Regul.*, **41**, 189 (2001).
5) Y. Matsumura and H. Maeda: *Cancer Res.*, **46**, 6387 (1986).
6) H. Maeda *et al.*: *Eur. J. Pharm. Biopharm.*, **71**, 409 (2009).
7) J. Liu, Y. Tabata *et el.*: *J. Control Release*, **117**, 104 (2007).
8) I. Brigger, P. Couvreur *et al.*: *Adv. Drug Delivery Reviews*, **54**, 631 (2002).
9) S. Kaida *et al.*: *Cancer Research*, **70**, 7031 (2010).
10) J. Liu *et al*: *J. Control Release*, **158**, 398 (2012).
11) T. Kowada *et al.*: *J. Am. Chem. Soc.*, **133**, 17772 (2011).
12) S. Hooqendoorn *et al*: *Chem. Commun.*, **47**, 9363 (2011).
13) N. Lydon: *Nat. Med.*, **15**, 1153 (2009).
14) H. Lee *et al*: *Bioconjugate. Chem.*, **22**, 777 (2011).
15) K. Dianashvili *et al*: *Bioorg. Med. Chem.*, **19**, 1123 (2011).
16) E. E. Paoli *et al*: *J. Control. Release.*, **143**, 13 (2010).
17) Y. Chen *et al*: *Biomacromolecules*, **12**, 4367 (2011).
18) H. Shi *et al*: *PNAS*, **108**, 3900 (2011).
19) D. Wang *et al*: *Macromolecules*, **44**, 2282 (2011).
20) S. Selvam *et al*: *Biomaterials*, **32**, 7785 (2010).
21) J. Jo et al: *J. Control. Release*, **142**, 465 (2010).

第2章

生体分子および生体反応のイメージング

2.1 はじめに

　生体内では，様々な分子が時空間的に厳密に制御されたシグナル伝達機構を形成し，結果として個体全体の生命活動を維持している．ただし，一言でこう説明するにはあまりに膨大な分子群が関与しており，その詳細は明らかとなっていないことが多い．これまでの生体分子の働きを解析する手法は，細胞をすりつぶして，そのときどきの細胞の状態，個々の分子の状態を，あらゆる精製手法や抗体などを駆使して解析する「生化学的手法」が主であった．ただし，これらの方法は生命活動のスナップショットを見ているにすぎないため，分子が「どこで」「どのように」活動しているかを解析することはできない．生体分子や生体反応のイメージングとは，その分子がいつ・どこで・どのように働いているかを，生きた細胞あるいは個体そのままで見ることにより，個々の分子の詳細な機能を明らかにしようとするものであり，基礎研究だけでなく迅速な疾病診断などの応用展開の可能性も秘めている．ただし，イメージングすべき分子はどれも似通った構造であるため，そのままではイメージングを達成できない．

　生命現象に関わる生体分子は，「核酸」「タンパク質」「脂質・糖質」「生理活性小分子」などに分類される（図 2.1）．これらはそれぞれが似通った化学構造をしているため，それぞれに合わせた認識素子を用意するか，何らかの結合を介して目印をつける必要がある．「核酸」は DNA，RNA ともに，塩基と糖・リン酸からなるヌクレオチドがリン酸エステル結合で連なった生体高分子である．塩基の部分で形成する水素結合は特異的であり，この相互作用を利用して，目印をつけることができる．「タンパク質」は

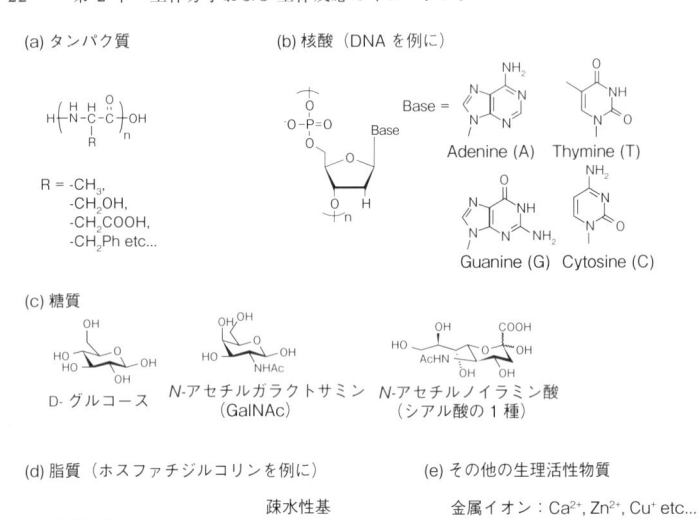

図 2.1 (a) タンパク質, (b) 核酸, (c) 糖質, (d) 脂質, (e) 生理活性物質の一般的な構造式.

20種類のアミノ酸が連結されたもので，そのアミノ酸側鎖の違いを利用して，特異的な化学反応を起こすことができる．酵素であれば，その基質特異性は非常に厳密であるため，基質誘導体を用いたプローブを開発するのが有用である．一方でタンパク質は遺伝子によってコードされており，その遺伝子を改変することで，目印となる別のタンパク質を融合することもできる．「脂質」は最も構成要素の多様性に富んだものであり，疎水性の長鎖アルキル基と，リン酸や糖などの親水基を有する分子である．この分子は水中で疎水性相互作用を介して会合するため，この疎水ドメインに潜り込む疎水性色素分子などを用いて，脂質のイメージングを行うことができる．「糖質」は単糖やオリゴ糖，あるいはそれらがタンパク質・脂質に修飾された複合糖質からなり，多くの役割を担う物質である．単糖構造だけでもグルコースやマンノースなど様々な立体異性体が存在し，これらが様々

な結合様式で連結しているため，糖質を特異的に検出するのは極めて難しい．最近では糖質の代謝過程と生体直交性有機反応を組み合わせた標識法が注目を集めている．「生理活性小分子」にはナトリウム，カルシウム，リン酸などのイオンや，活性酸素や一酸化窒素などの反応性小分子，グルタミン酸やイノシトール3リン酸などのシグナル伝達を仲介する物質などが含まれる．それらは非常に小さな分子であるため，直接目印を付けることは困難であるが，それらを認識する材料を用いて，生理活性を時空間的に検出することができる．

本章では，イメージング対象ごとに四つの節に分けて標識・検出の仕方を概説し，それぞれに応じた化学と，検出する材料の重要性についてまとめる．ここで挙げる手法は発展途上のものも数多く存在するが，各生体分子のイメージングの実現可能性を実感できるだろう．

2.2 核酸のイメージング

核酸は一般的に，四つの塩基が二組ずつ形成する水素結合によって二重鎖を組む (DNA であればアデニンとチミン，シトシンとグアニンのペア)．この塩基同士の相互作用は，鎖の長さが長くなればなるほど強くなり，その配列の種類は4の階乗で増えていくため，十数残基の合成核酸分子を用意するだけで，標的核酸に対する特異的な核酸認識素子ができ上がる．この核酸認識素子に蛍光色素などのプローブを導入することで，配列特異的な核酸検出プローブが作製できる．

2.2.1 蛍光 in situ ハイブリダイゼーション法による核酸検出

古くから汎用されている核酸検出法として，蛍光 in situ ハイブリダイゼーション (fluorescence in situ hybridization, FISH) 法がある[1]．これは蛍光色素や酵素などで標識したオリゴヌクレオチドを用いて，細胞内遺伝子と二重鎖を組ませ (ハイブリダイゼーション)，局所にとどまった蛍光を顕微鏡で観察する方法である (図 2.2)．遺伝子のマッピングや染色体異常の検出，あるいは細菌では種・属によってリボソーマル RNA の配列が保存されていることから，このリボソーマル RNA と相補的なプローブを用いて細菌の分類・同定を行うのに利用されている．ただし，この方法は蛍光シグナル変化を伴わないので，導入した一本鎖オリゴヌクレオチドプローブの洗浄ステップが必須である．そのため，まず細胞の固定と細胞

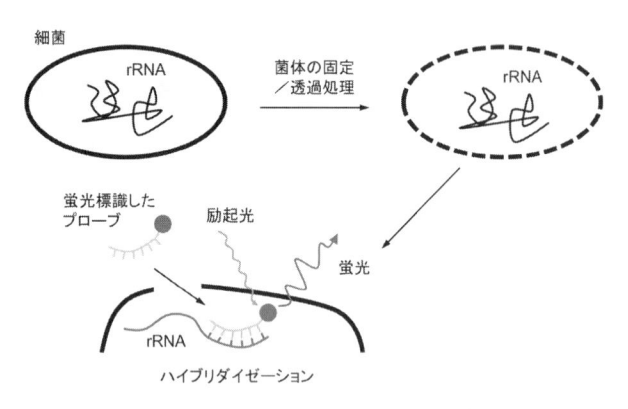

図 2.2 FISH 法による細菌内 rRNA の検出.

膜の破壊が必要であり,生細胞での核酸検出を行うことはできない.

2.2.2 モレキュラービーコンによる生細胞核酸イメージング

核酸分子のリアルタイムイメージングを行うためには,認識ユニットであるオリゴヌクレオチドが標的を認識する際に,何らかのシグナル変化を起こす必要がある.そこで考案されたのがモレキュラービーコンである (図 2.3)[2]. この構造は,標的の核酸に相補的な部分と,自己で二重鎖を組む部分の二つからなっており,それ自身でループ-ステム構造を形成する.この 5' 末端と 3' 末端に蛍光分子と消光分子 (あるいは波長の異なる蛍光分子同士) を連結することで,ステム構造の末端で 2 種類の分子が近接して蛍光が消光しているが,ひとたび標的の核酸分子とこのプローブが結合すると,ステム構造が開裂して蛍光が回復する仕組みである.

この方法は極めて汎用性に優れており,様々な応用がなされてきた.例えば,このプローブのループ部分と標的との結合は,ビーコンのステム構造の結合と競合するので,親和性の制御が可能である.この特性を利用して,DNA 上の一塩基多型 (single nucleotide polymorphism, SNP) の検出を行うことができる[3].また,異なる蛍光色素で標識された複数のビーコンを用いることで,遺伝子の網羅的な解析も可能とされている[4]. さらに同様の原理で RNA の検出もでき,実際に生細胞中で発現される RNA のリアルタイム検出にも利用されている.

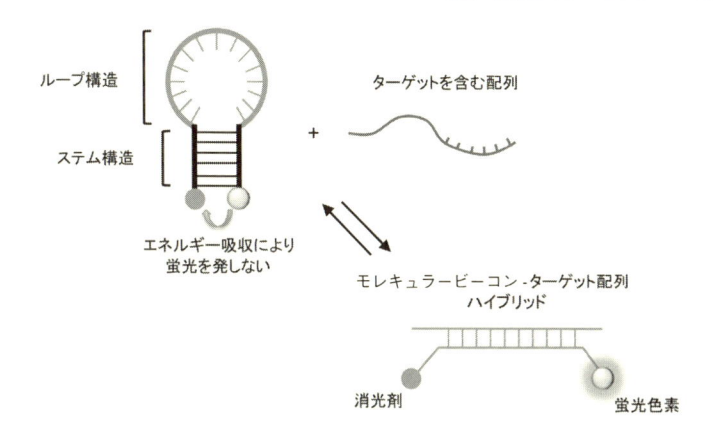

図 2.3 モレキュラービーコンによる標的遺伝子の蛍光検出原理.
出典：A. S. Piatek, S. Tyagi, A. C. Pol, A. Telenti, L. P. Miller, F. R. Kramer and D. Alland: *Nat. Biotechnol.*, **16**, 359 (1998).

Kool らは，ビーコン分子を用いずに蛍光の turn-on 型でリボソーマル RNA を検出する「自己連結消光 (quenched autoligation, QUAL) プローブ」を開発している [5]．QUAL プローブとは 2 種類のオリゴ DNA 分子のことであり，2 分子それぞれが標的リボソーマル RNA と相補的な配列を有する．一つは塩基部分に蛍光分子，5' 末端にトシル結合を介して消光分子を連結したもので，もう一つは 3' 末端に反応活性なチオリン酸基を有するオリゴ DNA 鎖である．これらはともに標的と結合した際にのみ，自己連結反応を起こすことで消光分子が切り離され，蛍光が劇的に回復する（図 2.4）．本手法は導入時に細胞を固定する必要があるものの，標的と 2 本の DNA 鎖がともにハイブリダイズして初めて蛍光が回復するので，洗浄操作なしに細胞内のリボソーマル RNA を検出可能である．

2.2.3 その他のプローブによる核酸検出

核酸検出に利用する認識ユニットをオリゴヌクレオチドから発展させることで，様々な応用展開が期待できる．

例えば Mirkin らは，様々な配列の DNA 鎖をそれぞれ連結した一群の金ナノ粒子を用いて，網羅的かつ超高感度な遺伝子スクリーニング法を開発している [6]．金ナノ粒子を用いることで，標的 DNA に相補的なオリゴヌ

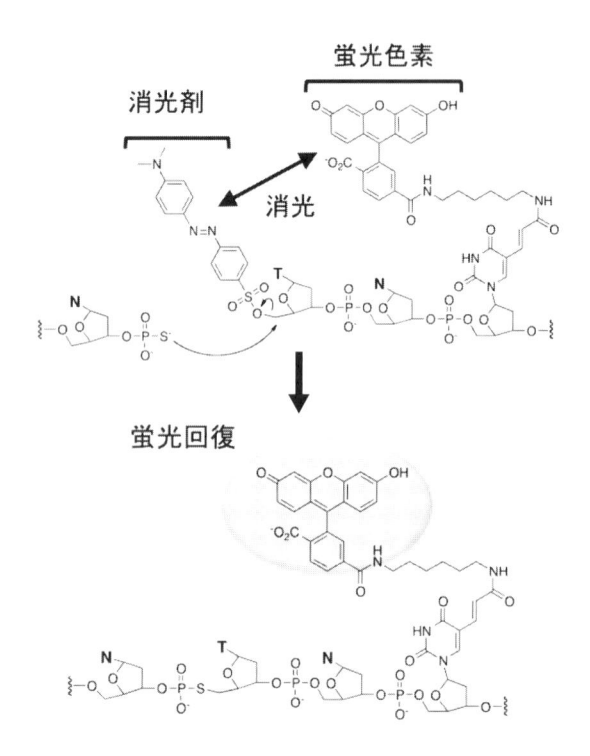

図 2.4 QUAL による turn-on 型 DNA 検出原理.
出典：S. Sando and E. T. Kool: *J. Am. Chem. Soc.*, **124**, 9686 (2002).

クレオチドを多価に配置することができ，低濃度の DNA を認識することができる．また，認識・捕捉した DNA をシリカ基板上にトラップして流れる電流値を測定したり，別の金属マイクロ粒子で回収するなどして，シグナルの増幅を起こすことができるため，現在では 500 zM（ゼプトモラー = 10^{-21} M^{-1}，30 μL のサンプル内であれば，わずか 10 分子の標的分子が存在すれば検出できる）という超高感度な DNA の検出が可能となった（図 2.5）[7]．また，本手法はナノ粒子上にタンパク質の抗体を配置することで，微量のタンパク質を捕捉・検出できるなど，幅広い応用展開が期待されている．

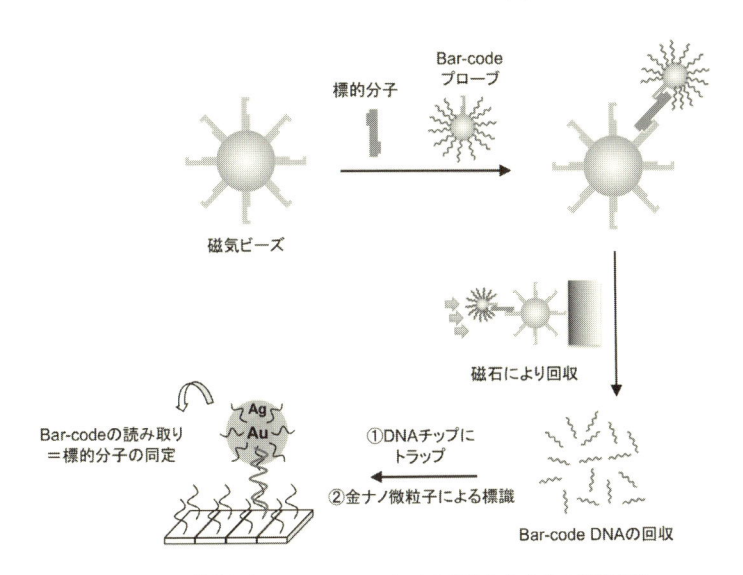

図 2.5 Mirkin らが報告した Bio-Bar code による標的生体分子の検出原理.
出典：J-. M. Nam, C. S. Thaxton and C. A. Mirkin: *Science*, **301**, 1884 (2003).

一方で，ポリアニオンであるオリゴヌクレオチドプローブを用いた核酸検出では，どうしても細胞導入効率が低く，生細胞での検出が困難であることが多い．Ozawa, Umezawa らは，RNA 結合タンパク質を認識ユニットとして用いて，生細胞でのミトコンドリア RNA のリアルタイムイメージングに成功している[8]．検出法には二つのユニットに切断した緑色蛍光タンパク質 (split EGFP) の再構築を利用した．まず，RNA を認識するタンパク質 pumilio (PUM) の核酸認識アミノ酸に変異を加え，標的となるメッセンジャー RNA 配列を特異的に認識する変異 PUM (mPUM1, mPUM2) を作製した．この二つの認識ユニットに，split EGFP の N 末端側・C 末端側をそれぞれ連結したプローブ 2 種類を細胞内で発現させる．標的となる RNA 分子が発現された場合のみ，この二つの切断されたユニットが RNA によって引き寄せられ，EGFP が近接効果によって再構築されて，蛍光シグナルが現れる（図 2.6）．これらのプローブにはミトコンドリアに局在するシグナルペプチドも連結されており，ミトコンドリアに局在するメッセンジャー RNA の存在を初めて可視化することに成功した．さらに，本手

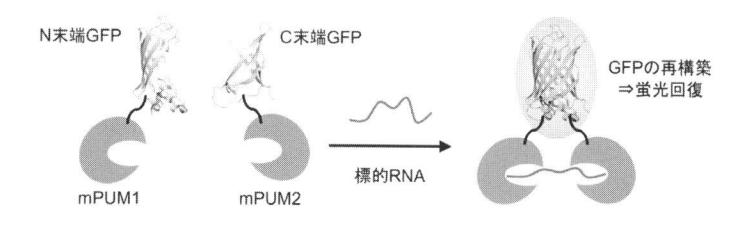

図 2.6 Split GFP を用いた RNA のリアルタイムイメージングの検出原理.
出典：T. Ozawa, Y. Natori, M. Sato and Y. Umezawa: *Nat. Methods*, **4**, 413 (2007).

法はいったん回復した EGFP の蛍光を強いレーザー光によって消光させ，その後の回復挙動をリアルタイムに解析することで，メッセンジャー RNA の局在変化などの動態観察にも適用可能であり，核酸分子のイメージングにおける強力な手段として期待されている．

2.3 タンパク質のイメージング

タンパク質は生体内で起こるほぼ全ての様々な化学反応を司っている．具体的には，セントラルドグマを形成するタンパク質，RNA，DNA を作り出すのは，主にはタンパク質である酵素であるし，それらが不要になったら分解するのもまた別の酵素である．栄養を取り込んで分解・再利用する代謝反応で活躍するのもタンパク質で，細胞が分裂・複製する時に主に働くのもやはりタンパク質である．すなわち，個々のタンパク質の働きを知ることができれば，生命現象（およびその異常）は理解できたも同然である．しかし，それは現状では非常に難しい．なぜなら，タンパク質はその構造・機能が非常に複雑なだけでなく，細胞内で局在を変化させたり，発現量を変化させたりするという動的変化を示すからである（図 **2.7**(a)）．また，タンパク質は側鎖や主鎖同士の水素結合・疎水性相互作用・ファンデルワールス力などを複雑に絡み合わせ，非常に秩序だった状態で折りたたまれた三次元立体構造を形成するが（図 2.7(b, c)，一例としてキモトリプシンの結晶構造を示した），これを一次配列情報だけで予測するのは極めて困難である．

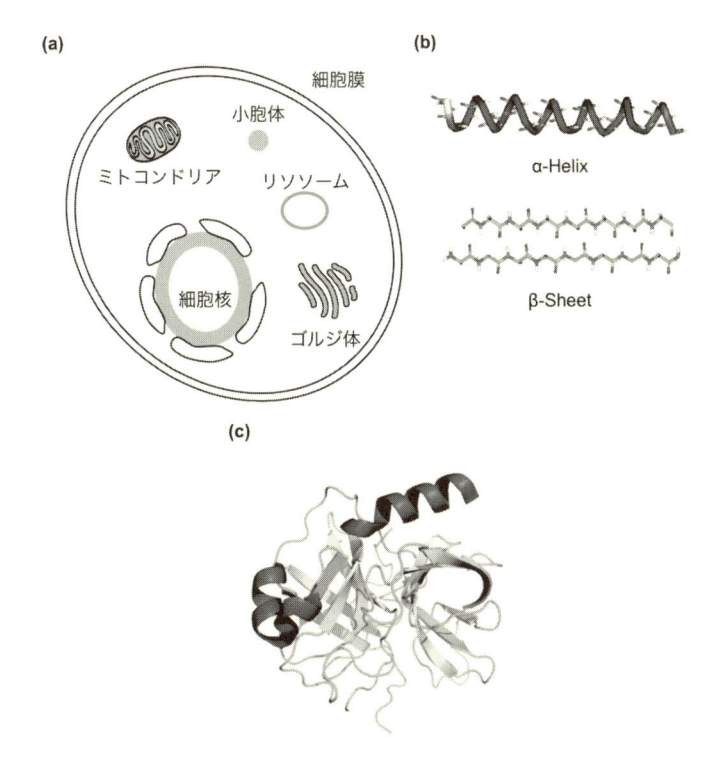

図 2.7 (a) タンパク質が存在する様々な細胞内小器官の構造, (b) タンパク質の α-Helix と β-Sheet の模式図, (c) キモトリプシンの三次構造 (PDB ID: 4CHA).

2.3.1 抗体によるタンパク質染色と生細胞イメージング

古典的なタンパク質の検出・イメージング法は, 抗体を用いた免疫染色法である. 抗体–抗原反応は極めて特異的な分子認識であり, 細胞や組織のような様々な物質が混在する中においても, 抗原である標的タンパク質のみを選択的に認識することができる. このような抗体に, ペルオキシダーゼと呼ばれる酵素や, ビオチン・蛍光色素などを標識しておくことで, 標的タンパク質を可視化することができる. この方法は細胞膜タンパク質をイメージングするには極めて強力な手段であり, 生細胞でも行うことができる. 一方で抗体は分子量の大きいタンパク質であるため, そのままでは

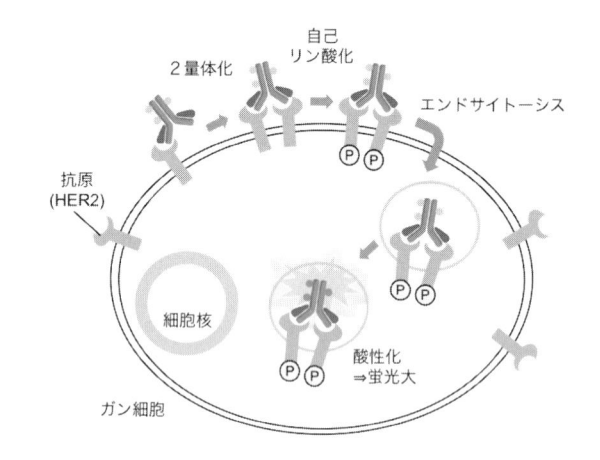

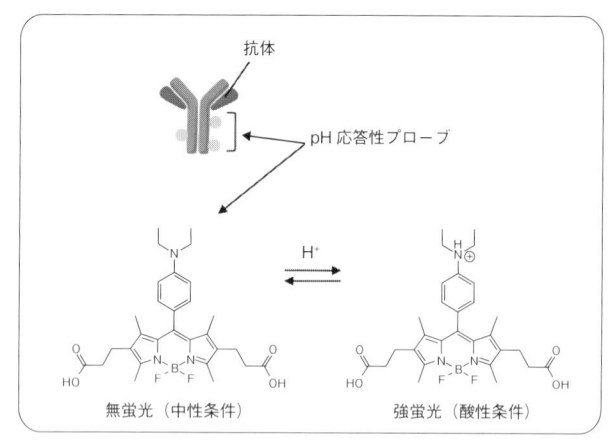

図 2.8 Urano らによって報告された抗体によるタンパク質検出とイメージング.
出典：Y. Urano, D. Asanuma, Y. Hama, Y. Koyama,
T. Barrett, M. Kamiya, T. Nagano, T. Watanabe, A. Hasegawa, P. L.
Choyke and H. Kobayashi: *Nat. Med.*, **15**, 104 (2009).

細胞内に導入されない．そこで，細胞内の抗原タンパク質を検出するには，細胞を固定化して細胞膜を緩めるなどの操作が必要となる．

ある種の膜タンパク質である抗原に抗体が結合すると，細胞膜成分で覆

われたエンドソームと呼ばれる小胞が細胞内に取り込まれる，エンドサイトーシスという現象が起こる．この時，エンドソーム内はプロトンポンプの影響で酸性化されており，抗体やリガンド分子を分解するリソソームへと送られる．Urano らはこの現象を利用して，pH 応答性蛍光色素を結合させた抗体によって，がん細胞特異的なイメージングを達成している（図 **2.8**）．具体的には，乳がん細胞などに特異的に発現することが知られているHER2 と呼ばれるタンパク質を標的として，これと結合する抗体に，独自に開発した酸性 pH で劇的に蛍光が上昇する蛍光プローブを化学修飾した．プローブ修飾抗体は細胞外の中性 pH では全く蛍光を発しないが，HER2 と結合して細胞内に取り込まれると，エンドソーム内 pH に応答して劇的に蛍光が上昇するため，HER2 を発現している細胞のみが光って見える．実際に彼らは本技術を用いて，マウス個体内に担持した微小の HER2 発現がん細胞を可視化することに成功している[9]．

2.3.2 タンパク質への標識によるイメージング

タンパク質に何らかの目印を付けることができれば，タンパク質の活性や局在変化などをリアルタイムに追跡できる．目印を付ける方法は主に 2 種類ある．一つは，反応性アミノ酸側鎖に特異的な化学反応を利用する古典的な方法である．例えば，システインはチオール基を有しており，これと特異的に反応するマレイミドやヨードアセチルなどを用いて，システインのみを化学修飾できる．リジンは 1 級アミノ基を有しており，*N*-ヒドロキシスクシンイミドエステル (NHS) のような活性エステルを用いれば，リ

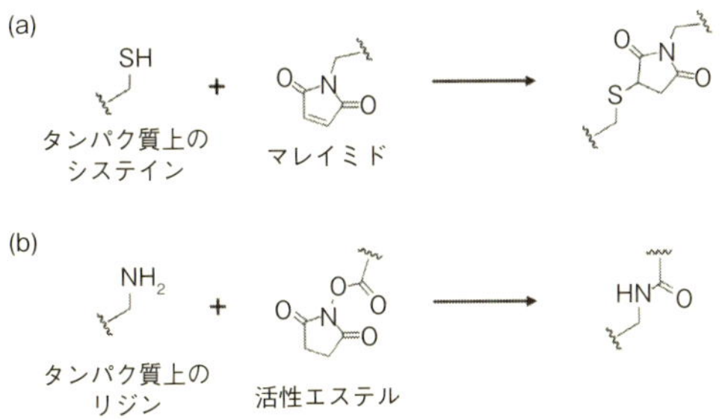

図 **2.9** (a) チオール基とマレイミドの反応，(b) アミノ基と NHS 活性エステルとの反応．

ジンのみに対して化学修飾できる（図 2.9）．試験管レベルで精製タンパク質を化学修飾するのに用いられてきたこれらの官能基選択的な化学修飾法は，細胞内で様々な物質が混在する中では適用が困難である．なぜなら，全てのタンパク質はほぼ同様にシステインやリジンなどの反応活性な官能基を有しており，それらと標的タンパク質とを見分けることは原理的に不可能だからである．

目印を付けるもう一つの方法は，蛍光タンパク質や発光タンパク質などを遺伝子的に融合する方法である．タンパク質の配列情報は遺伝子の上で管理されており，そのアミノ酸の一次配列で機能が決定されている．DNA レベルから目印を付与しておいた変異 DNA を細胞内に導入することで，細胞内で目印の付いたタンパク質が発現し，その動態解析を行うことができる．

この手法を語る上で，緑色蛍光タンパク質 (green fluorescent protein, GFP) の発見と，その遺伝子のクローニングは歴史的な金字塔となった．Shimomura らによって，オワンクラゲから単離・精製された分子量 27 kDa の GFP は，488 nm の励起光を照射すると単体で蛍光を発する．このタンパク質の遺伝子が同定・クローニングされた後，Chalfie, Tsien らが異種細胞への導入・発現に成功したことで，生物学の広範囲において有用なレポーター遺伝子として利用されることに繋がった．GFP は多くの場合，他のタンパク質と融合させても機能を発揮する安定な蛍光タンパク質であり，細胞生物学において，シグナル伝達に関わるタンパク質などの細胞内

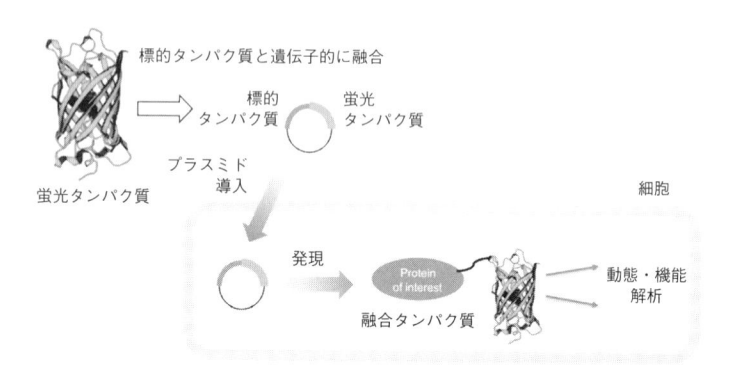

図 2.10　GFP 融合の方法と細胞内タンパク質の可視化．

2.3 タンパク質のイメージング

局在変化をリアルタイムに解析することを可能とした（図 **2.10**）．さらに，現在では遺伝子工学によってその蛍光強度・波長や光化学的特性を様々に変化させたものも開発されており，細胞内の様々な現象をイメージングする強力なツールとしてなくてはならないものとなっている．

ただし，GFP タグが万能ではないこともある．GFP タンパク質自体の大きさが要因となり，融合によってその標的タンパク質の機能に影響を及ぼす恐れがあるからである．シグナル伝達における下流への信号，例えばタンパク質のリン酸化が GFP 融合によって阻害されることなどが例として挙げられる．また，GFP よりも長波長の蛍光タンパク質は，一般に多量体として存在することが多く，さらに機能阻害を起こす恐れが高い．検出モードが蛍光に限られる点も，個体内でのイメージングにおいてデメリットとなりうる．これらの問題点を解決すべく考案されたのが，酵素や短鎖ペプチドをタグとして融合する方法である．これは，あらかじめ融合したタグに対して特異的に結合あるいは反応する化学小分子プローブを用いて，2段階で標識を付ける方法である（図 **2.11** (a)）．これまでに多くの手法が開発されている．例えば，酵素であれば，Promega 社が開発した HaloTag® テクノロジー [10] や Kai Johnsson らが開発した SNAP タグ [11] などが先駆的な例として挙げられる（図 2.11 (b)）．ペプチドタグであれば，Tsien らがテトラシステインとこれに結合するヒ素系蛍光色素 FlAsH のペアを先駆けて開発した [12]．その後，オリゴヒスチジンとニッケル NTA 錯体ペア [13] やオリゴアスパラギン酸と Dpa 亜鉛錯体化合物のペア [14] などが開発され，現在も活発に開発研究がなされている（図 2.11 (c)）．これらの方法では蛍光波長にとらわれず様々な蛍光色素を導入できるし，検出モードが蛍光に限らないのも魅力である．ただし，図 2.11 の方法は細胞表層では効果を発揮するものの，細胞内で特異的な標識を行うのは極めて困難であり，成功例は限られている．これは小分子プローブの特性にも依存しており，特異性・効率性を向上させたタグ–プローブペアの創製が今後も期待されている．

これらの遺伝子工学的に標識されたタンパク質では，最初から細胞内にあるタンパク質をそのままイメージングすることは不可能である．その影武者ともいうべき融合タンパク質を遺伝子導入によって発現させ，それを見ているからである．多くの場合それは問題にはならないが，一過的に発現するタンパク質や，厳密に発現量が制御されているタンパク質やバイオ

(a), (b), (c) の図

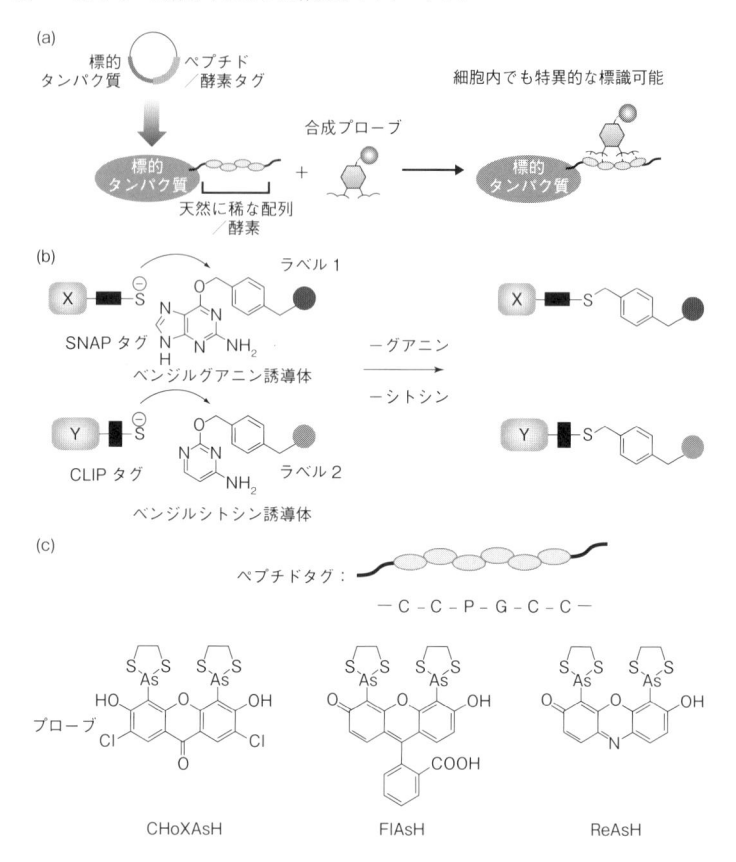

図 2.11 (a) ペプチド／酵素タグ融合とラベル化の方法，(b) 代表的な酵素タグ（SNAP タグ），(c) 代表的なペプチドタグ（TetraCys タグと FlAsH 誘導体）．

出典：(b) A. Keppler, S. Gendreizig, T. Gronemeyer, H. Pick, H. Vogel and K. Johnsson: *Nat. Biotechnol.*, **21**, 86 (2003).

(c) B. A. Griffin, S. R. Adams and R. Y. Tsien: *Science*, **281**, 269 (1998).

マーカータンパク質の定量化やイメージングには適用が難しい．Hamachi らは，細胞に内在するタンパク質のみに有機小分子をラベルする方法として，「リガンド指向型トシル化学」を考案している（図 **2.12**）[15]．これはタンパク質に認識されるリガンド分子と導入したいプローブ分子とを，タン

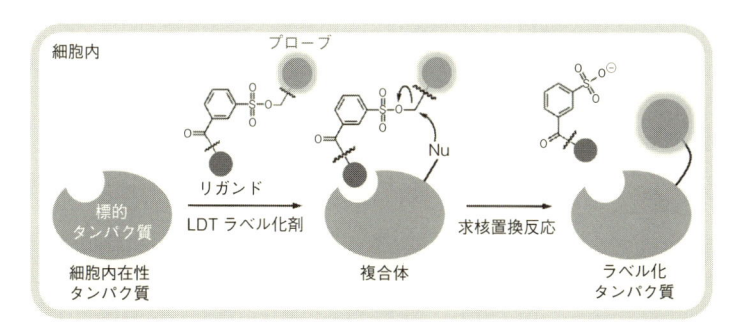

図 2.12 リガンド指向型トシル化学（ligand-directed tosyl chemistry, LDT 化学）による細胞内在性タンパク質のラベル化.
出典：S. Tsukiji, M. Miyagawa, Y. Takaoka, T. Tamura and I. Hamachi: *Nat. Chem. Biol.*, **5**, 341 (2009).

パク質表面のアミノ酸と反応しうる反応基（トシル基）で連結した「ラベル化剤」を用いて達成される．このラベル化剤は標的以外とはほとんど反応しないが，ひとたびタンパク質に認識されると，近接効果によって特異的に反応を起こす．さらに，トシル基とタンパク質表面のアミノ酸とが求核置換反応を起こすと，プローブ部分がタンパク質に導入されると同時に，認識に利用したリガンド分子が切り離される．この原理によって，タンパク質の活性を保持したまま望みの分子を標的タンパク質のみにラベルすることができる．彼らは，赤血球に内在する炭酸脱水酵素を標的とし，マウス個体内での特異的なラベル化に成功している．今後，同様の原理で様々な「内在性」のタンパク質を特異的に化学修飾し，イメージング可能な一般性の高い方法の確立が切望される．

2.3.3 酵素活性検出プローブによる細胞・個体内イメージング

タンパク質の中でも「酵素」の基質特異性は極めて高く，この基質を検出プローブに改変することで，特異的な酵素反応のイメージングが可能となる．古くから開発されてきたのは，エステラーゼのような加水分解酵素の基質に蛍光小分子を直接結合させ，その解離に伴って蛍光が回復するように設計されたプローブである[16]．同様の原理で，2種類の蛍光色素や消光剤を導入した基質プローブによって，反応前は2分子間でエネルギー移

動を起こし，反応後にそれが解消されることで，劇的な蛍光変化を示すものが数多く報告されている．代表的な酵素に対するプローブは試薬会社で購入することもでき，確立された手法となっている．細胞内で働く酵素活性を検出する場合，これらを用いて生きた細胞内でそのまま酵素反応をイメージングすることも可能となってきた．

一方，これらの小分子プローブでは個体内での検出が困難である．なぜなら，多くの小分子プローブは血中安定性・滞留性に乏しいため，標的酵素へのターゲティングが難しいからである．そこで有用なのがターゲティング能の高いポリマーなどのナノ粒子の利用である．先駆的な例として Weissleder らはマトリックスメタロプロテアーゼ (MMP) と呼ばれる酵素の活性を個体内で検出可能なポリマー型 MMP プローブを開発している（図 **2.13**）[17]．MMP はがん細胞の浸潤・転移などの悪性化に関与しており，細胞外に分泌されて機能を発揮するタンパク質群である．このポリマー微粒子に，複数の MMP 基質ペプチドと近赤外蛍光色素を導入すると，切断前は色素の会合によって蛍光は消光している．これが MMP によって切断されることで，蛍光色素が切り出されて劇的な蛍光回復を起こす．実際に担がんしたマウス中で，生きたまま MMP の活性をリアルタイムにイメージングすることに成功している．

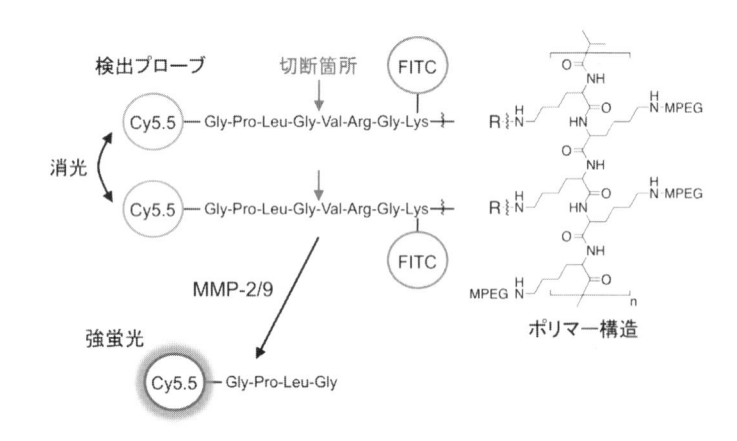

図 2.13 MMP 活性イメージングに使用されたポリマー型近赤外プローブの模式図．
出典：C. Bremer, C-. H. Tung and R. Weissleder: *Nat. Med.*, **7**, 743 (2001).

2.3.4 タンパク質を選択的に認識・イメージングするナノ材料

多くの薬剤がそうであるように,タンパク質に認識される小分子は特異性が高い.これはタンパク質の厳密な分子認識能に由来しており,その厳密さは「鍵と鍵穴」モデルとして古くから受け入れられている.ただし,非常に似通った機能を有するタンパク質群（例えばタンパク質のアイソマー）の中で,選択的に一つのタンパク質に認識される小分子を設計するのは非常に困難である.それは,配列が全く異なっていても活性が同じであれば,その活性中心の配列・物性は似通ったものだからである.その代表例としてタンパク質リン酸化酵素（キナーゼ）などが挙げられる.これらはシグナル伝達機構に関わる重要な酵素であるが,リン酸化する配列選択性の微妙な違いで,細胞内での役割が全く異なる.しかし,第2の基質としてほぼ全てが ATP を用いるため,その活性中心は似通ったものとなり,各キナーゼを見分ける小分子を設計するのは困難な課題となっている.

このような問題を解決する方法として,ポリマー微粒子やデンドリマーなどのナノ材料の利用に注目が集まっている.タンパク質表面には様々な官能基が存在するものの,タンパク質1分子で見れば各々の電荷や疎水性などでパターン化される.このようなパターンを包括的に認識するユニットとして,ポリアニオンやポリカチオンのような電荷を帯びたポリマーを利用したり,両親媒性のポリマーやデンドリマーを利用したりすることができる.ここでは具体的な研究事例を挙げて,その有用性について説明する.

Rotello らは,ポリカチオンを有する金ナノ粒子と,蛍光性のアニオンポリマーを利用して,タンパク質表面電荷の違いを利用した選択的な検出方法を開発している[18].二つの材料同士は水中で静電相互作用により複合体を形成することで,金ナノ粒子によって蛍光が消光されているが,表面に負電荷を帯びたタンパク質を添加するとポリマーとの交換が起こり,蛍光が回復する（図 2.14）.彼らは金ナノ微粒子表面のカチオン分子の構造を様々に変化させることで応答能の異なる一群の複合体を用意し,それぞれのタンパク質に対するシグナル変化をパターニングして,より正確なタンパク質の検出・定量を可能にした.彼らはこのユニークな検出手法を「chemical nose ＝ 化学的な鼻」と名付けている.すなわち,匂いのようなタンパク質表面の微妙な違いを識別する検出手法である.ただし,それぞれのタンパク質の"匂い"は非常に似通っており,さらなる細かい分類を行えなければ選択的な検出は困難である.彼らはアニオンポリマーの他に

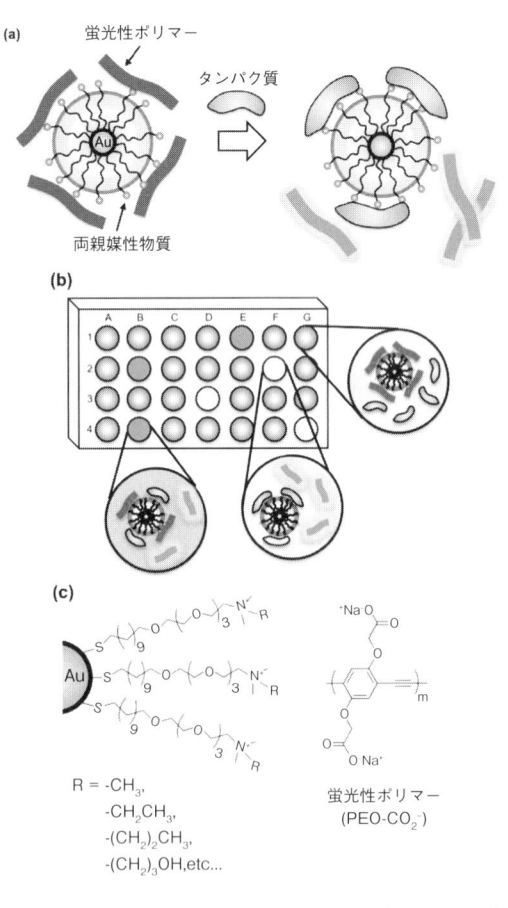

図 2.14 金ナノ粒子と蛍光性ポリマーを用いたタンパク質表面の選択的検出.
(a) ポリカチオンを有する金ナノ粒子と蛍光性アニオンポリマーによるタンパク質検出の原理.
(b) (a) の 2 種類の材料の組み合わせによるタンパク質の網羅的な検出イメージ.
(c) 金ナノ粒子とポリマーの化学構造式.
出典：C-. C. You, O. R. Miranda, B. Gider, P. S. Ghosh, I-. B. Kim, B. Erdogan, S. A. Krovi, U. H. F. Bunz and V. M. Rotello: *Nat. Nanotech.*, **2**, 318 (2007).

蛍光タンパク質や酵素を用いて，そのシグナルのパターンを変化させた系の開発も精力的に続けている．

また Thayumanavan らは，電荷を帯びたポリマーやデンドリマーと界面活性剤との複合体に疎水性の蛍光色素を取り込ませた自己集合体を用い，タンパク質表面を識別する系を構築している[19]．この集合体では界面活性剤とタンパク質とが入れ替わることによって複合体が崩壊し，色素の漏れだしにより蛍光変化を起こす（図 2.15）．彼らも Rotello らと同様に，ポリマー類の構造や界面活性剤の構造を変化させた複数種の複合体を用意し，それぞれにおける蛍光変化をタンパク質に対してパターニングすることで，より正確な検出と定量を目指して精力的に研究を続けている．

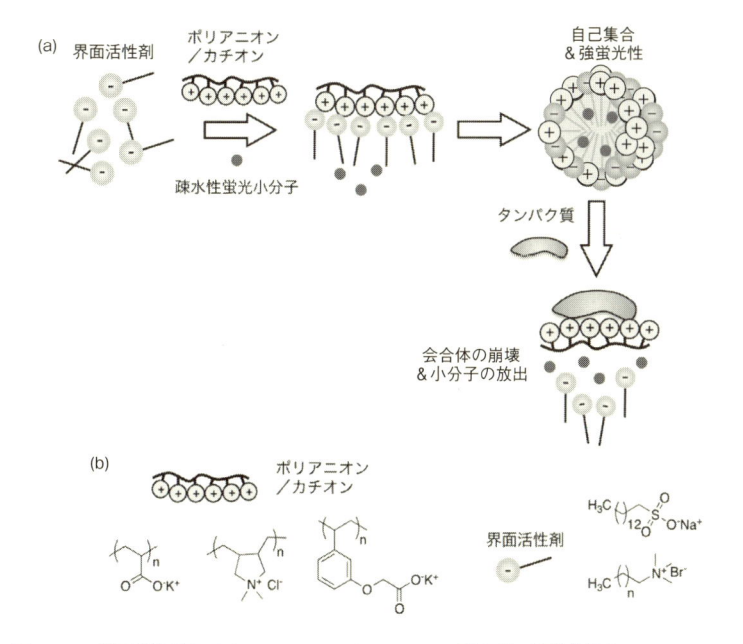

図 2.15 界面活性剤とポリマーミセルによるタンパク質表面の選択的検出．
(a) 界面活性剤とポリマー，疎水性蛍光分子の複合体を用いたタンパク質検出の原理．
(b) ポリマー，界面活性剤の化学構造式．
出典：E. N. Savariar, S. Ghosh, D. C. Gonzalez and S. Thayumanavan: *J. Am. Chem. Soc.*, **130**, 5416 (2008).

酵素以外のタンパク質を特異的に検出する方法はほとんどない．前述のタンパク質表面を認識するナノ材料は，大まかなタンパク質の性質を見分けることができるものの，特異性は低いため様々なタンパク質が混在する系では適用が困難である．Hamachi らは，小分子プローブの形成するナノ会合体を用いて，細胞内で特異的にタンパク質をイメージングすることに成功した[20]．彼らは，非侵襲的イメージングに用いられる核磁気共鳴

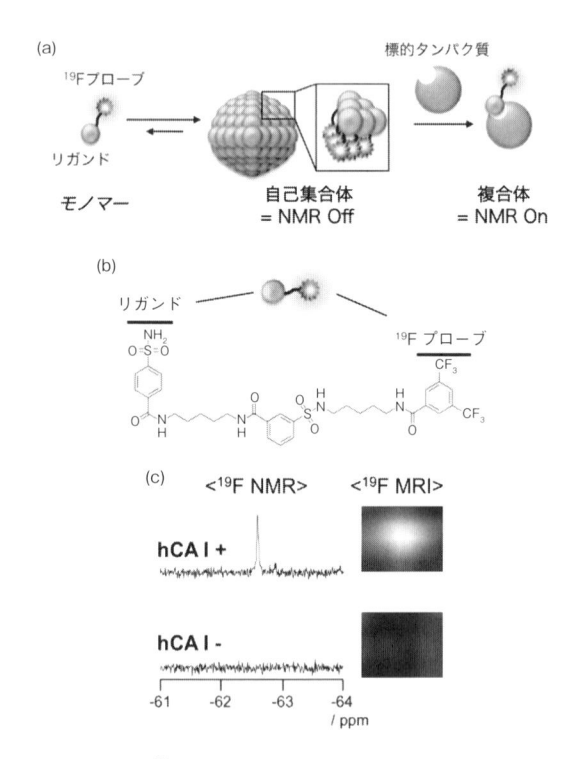

図 2.16 (a) 自己集合型 ^{19}F プローブによるタンパク質の特異的な検出，(b) リガンド連結 ^{19}F プローブの化学構造式，(c) ^{19}F NMR/MRI による標的タンパク質の turn-on 検出．

出典：Y. Takaoka, T. Sakamoto, S. Tsukiji, M. Narazaki, T. Matsuda, H. Tochio, M. Shirakawa, I. Hamachi: *Nat. Chem.*, **1**, 557 (2009).

（口絵 1 参照）

(NMR) 活性で，かつ生体内にバックグラウンドシグナルのない ^{19}F 原子核に着目した．通常 NMR/MRI で用いられる ^{1}H 核などと同様，^{19}F 核も分子量が増大するにつれてシグナルがブロード化する．そこで，タンパク質に認識される比較的親水的なリガンド分子と，疎水的な ^{19}F 分子を連結した小分子プローブが，水中で自己集合するように設計した．この自己

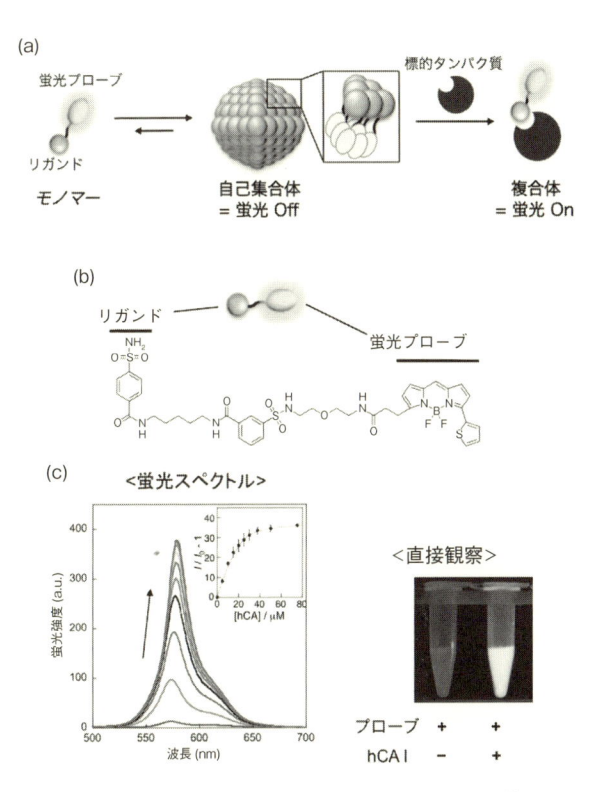

図 2.17 (a) 自己集合型蛍光プローブによるタンパク質の特異的な検出，(b) リガンド連結蛍光プローブの化学構造式，(c) 蛍光スペクトルによる標的タンパク質の turn-on 検出．

出典：K. Mizusawa, Y. Ishida, Y. Takaoka, M. Miyagawa, S. Tsukiji, I. Hamachi: *J. Am. Chem. Soc.*, **132**, 7291 (2010).

（口絵 2 参照）

集合体は 100〜200 nm 程度の比較的大きな会合体で，見かけの分子量に換算すると 10^7 Da 以上という大きさであることから，効果的にシグナルオフ状態を作り出すことができる．このプローブがひとたびタンパク質に認識されると，会合体が崩壊して分子量が激減する（約 3×10^4 Da）ため，シグナルが劇的に回復する（図 **2.16**）．この turn-on 型のシグナル変化は，NMR シグナルのみならず MRI として画像化することもできる．実際に，赤血球に内在する炭酸脱水酵素を標的とした場合，プローブによってその活性をイメージングすることに成功している．

ただし，^{19}F NMR / MRI の感度は極めて低いため，低濃度のタンパク質イメージングは困難であり（検出限界は 5 μM 程度），機器の性能を含めたハード面の開発も切望される．一方で本系は ^{19}F 部位を疎水性の蛍光色素に変更することで，蛍光での off / on 検出へも展開されている（図 **2.17**）[21]．また，リガンド部位の変更によって様々な酵素やタンパク質にも適用でき，この超分子ナノ集合体を用いる戦略の一般性の高さを示している．これらの展開によって，低濃度のタンパク質でも特異的かつ高感度にイメージングできる可能性が出てきており，今後，ナノ材料を用いたタンパク質イメージングはさらなる発展が期待される．

2.4 脂質・糖質のイメージング

脂質・糖質は，それぞれ生命活動に必須な生理活性分子である．脂質は細胞膜を構成するだけでなく，それ自身がシグナル伝達物質として機能したり，膜タンパク質と相互作用してその機能を維持・調節したり，細胞膜の流動性を制御することでシグナル伝達機構を調節したりと，多彩な機能をもつ生体分子である．一方，糖質はそれ自体が細胞のエネルギーとなるだけでなく，核酸の構成要素となったり，脂質やタンパク質などに修飾される官能基として細胞表面の多様性を生んだりといった，様々な顔をもつ複雑な性質の分子である．

これらの物質は，核酸やタンパク質などの他の生体高分子と同様の構造・機能多様性を有するものの，その理解は遅れている．その要因として，脂質・糖質が細胞内で作られるものもあれば栄養から取り込まれるものも多く，遺伝子情報と直接対応していないためにその制御が難しいこと，分子が低分子であるため標識することによってその性質が劇的に変化してしまうことなどが挙げられる．ゆえに，これらの問題点を解決する方法が模索

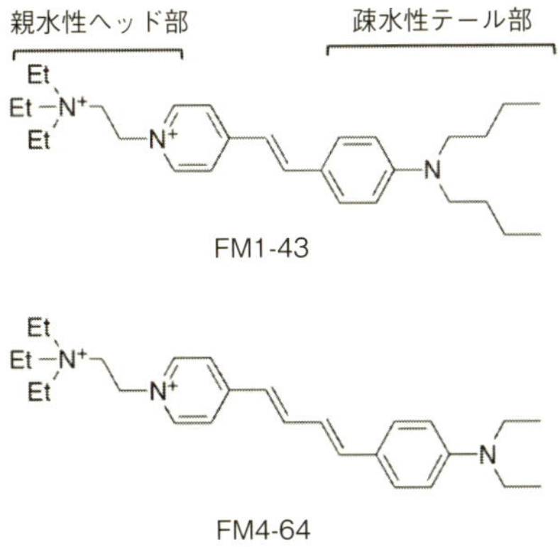

親水性ヘッド部　　疎水性テール部

FM1-43

FM4-64

図 2.18 代表的な FM-dye (1-43, 4-64) の化学構造式.
出典：W. J. Betz, F. Mao and C. B. Smith: *Curr. Opin. Neurobiol.*, **6**, 365 (1996).

されているのが現状である．

2.4.1 両親媒性プローブによる脂質イメージング

このように脂質は，その解析の困難さから「個々の脂質分子」の局在や動態などが明らかになっていないことが多い．一方で脂質全体として細胞膜の変化を観測する方法としては，脂質を染色する疎水性蛍光色素が古くから利用されている．脂質分子は，長鎖脂肪酸と極性基がリン酸エステルを介して連結した両親媒性物質である．水中ではこれらが疎水性相互作用で自己組織化し，細胞膜を形成しているため，疎水性色素分子がこれに取り込まれる．Mao らは，細胞膜のリン酸基と静電相互作用する 4 級アンモニウム基を有するスチレン系の色素 (FM-dye) を用いて，細胞に添加することで細胞膜を染色する一連の色素群を開発している（図 **2.18**）[22]．これらの FM-dye は，

1) 細胞膜に可逆的に挿入される．
2) 細胞膜を透過しない．
3) 細胞膜に取り込まれた時のみ強い蛍光を発する．

などの特徴を有する．つまり，FM-dye は細胞膜を非特異的に染色するが，その染色は細胞膜表面のみであり，また洗浄操作によって洗い流すことが

できる.さらに,エンドサイトーシスなどによっていったん細胞に取り込まれたものは外液と接しないので,洗浄しても洗い流されない.したがって,FM-dye で染色した後にしばらく時間をおいて洗浄を行えば,細胞膜からエンドサイトーシスによって細胞内に取り込まれた成分のみを可視化できる.この色素は神経細胞などで形成されるシナプス小胞も染色することができるため,その取り込みや開口放出のリアルタイムなイメージングが可能である.これらの脂質イメージングプローブは試薬会社で購入可能である.

2.4.2 質量分析による脂質イメージング

検出・認識素子を用いないでそのまま脂質分子をイメージングする技術として,質量分析法の一種であるマトリックス支援レーザー脱離イオン化法 (matrix assisted laser desorption/ionization, MALDI) の目覚ましい進歩に注目が集まっている.一般に解析に用いられるのは組織の凍結切片で,これに MALDI 法を行うためのマトリックス溶液を均一に塗布する.マトリックスを塗布した後,MALDI-TOF MS による組織切片上での解析を行い,対象となる脂質分子の分子量と,そのイオン化強度を画像と重ね合わせることで,組織のどこに,どの分子が存在するかをある程度定量することができる [23].このような MS イメージングは,例えば薬剤投与によって脂質分子の局在や量の変化を観察することで,疾病部位におけるバイオマーカーの探索や診断への応用が期待されている.温和な条件でイオン化が可能であることから,特にタンパク質のような「生体高分子」を検出するために開発された MALDI 法であるが,他のイオン化法(ESI 法,FAB 法など)と同様に,低分子の方が検出感度は良好であり,脂質分子は最適なターゲットである.さらに,MALDI 法は前述したように切片などの固体表面で検出することができるため,他のイオン化法にはない「位置情報を含むイメージング」に適した特徴を有する質量分析法であるといえる.

2.4.3 脂質結合タンパク質による脂質分子のリアルタイムイメージング

脂質分子がタンパク質のリガンドとなり,直接シグナル伝達物質として機能する点に着目して,脂質の動態をイメージングする研究も報告されている.重要な標的分子の一例としては,ホスファチジルイノシトール 3 リン酸

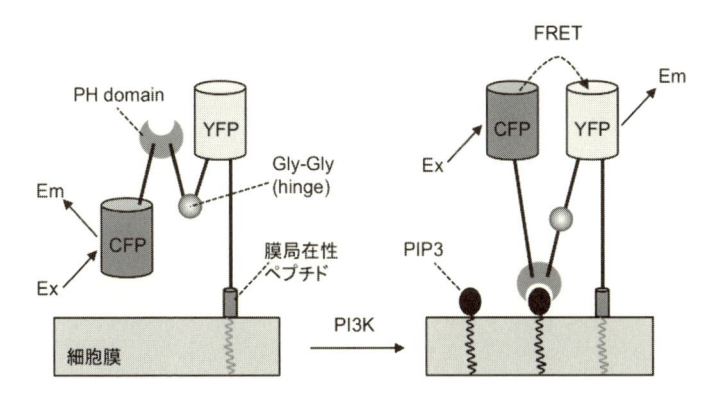

図 2.19 細胞膜上で PIP3 産生を蛍光変化で検出する Fllip の模式図.
出典：M. Sato, Y. Ueda, T. Takagi and Y. Umezawa: *Nat. Cell Biol.*, **5**, 1016 (2003).

(phosphatidylinositol 3,4,5-bisphosphate, PIP3) が挙げられる．PIP3 それ自身が下流に存在する様々なタンパク質を活性化するだけでなく，PIP3 の分解物である PIP2 や，イノシトール 3 リン酸 (IP3)，ジアシルグリセロール (DAG) もまた，シグナル伝達物質として機能する．しかし，PIP3 は細胞膜にごく微量にしか存在せず，膨大な数の細胞を破砕してクロマトグラム解析を行うという生化学的手法では，その時空間的な挙動はあまり明らかとされていなかった．Sato, Umezawa らは，生細胞中で PIP3 を可視化することができる蛍光プローブ Fllip を開発した[24]．Fllip は PIP3 に選択的に結合するタンパク質（PH ドメイン）を検出ユニットとして用いる．この PH ドメインは二つの蛍光タンパク質 (CFP, YFP) と融合しており，剛直なリンカー二つを使って PH ドメインが挟まれた形になっている．これらのリンカーの一つにはジグリシン (Gly-Gly) が含まれており，これが蝶番として PH ドメイン-CFP 部分が比較的自由に回転できるようになっている．一方，PH ドメインが PIP3 を認識すると，PH-CFP 部分の自由度が減少し，CFP と YFP の距離が近接することで，両者間で蛍光共鳴エネルギー移動 (fluorescent resonance energy transfer, FRET) が起こるようになる（図 **2.19**）．Fllip は細胞膜だけでなく核やミトコンドリア，小胞体膜などへも局在化させることができ，各オルガネラ膜上に生成

した PIP3 をリアルタイムに測定することができる．さらに，彼らは本系の脂質認識ドメインを変更することにより，ジアシルグリセロール (DAG) をイメージングするプローブ (Daglas) の開発にも成功しており [25]，今後様々な脂質分子のイメージングへの応用が期待される．

2.4.4 糖質検出と糖タンパク質イメージング

糖質にはグルコースやマンノース，フコース，シアル酸などの様々な単糖や，それらが複雑に連なって形成される糖鎖，さらには糖鎖が脂質やタンパク質に修飾された複合糖質など様々な種類が存在する．特に細胞表面の糖鎖は，他の細胞や細菌・ウイルスが細胞に接着する際のリガンドとなり，生命現象においてその構造の多様性は重要な意味をもつ．このような糖質を特異的に認識する素子を化学合成で開発するのは極めて困難であり，やはり脂質と同様，抗体や糖結合タンパク質（レクチン）などのタンパク質の活用が有用である．一方で糖鎖自体に直接化学修飾する研究が近年注目を集めている．Bertozzi らは，その先駆的な例として，生体内にほとんど存在しないアジド基とアリルホスフィン（Staudinger ligation reaction）やアルキン（click chemistry）などが水中で迅速に反応することに着目して，糖質の化学修飾によるイメージングを行っている（図 **2.20**）[26, 27]．彼らの方法では，細胞内の代謝基質となりうるアジド化単糖（N-アセチルマンノサミンなどの誘導体）を細胞内に取り込ませることで，代謝反応に伴って細胞表層タンパク質がアジド化されることを利用した．アジド基を提示した細胞表層で，アリルホスフィンやアルキン化した蛍光色素などを化学修飾することで，細胞表層の糖質に基づいたイメージングが達成されている．さらに，銅触媒非存在下でも高速に反応が進行する特異的な click chemistry を活用して，マウスなどの動物個体内での糖質イメージングにも成功している [28]．

2.5　生理活性小分子のイメージング

細胞では，タンパク質，核酸，脂質・糖質以外にも様々な物質がシグナル伝達物質として機能している．ここでは，それぞれの物質に対するイメージングの意義と検出原理について概説する．

(a) Staudinger-ligation 反応

(b) Click chemistry

(c) 銅触媒不要な Click chemistry

(d) 糖代謝経路を利用した細胞表層糖タンパク質のアジド化

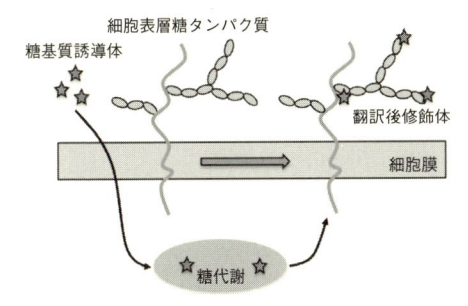

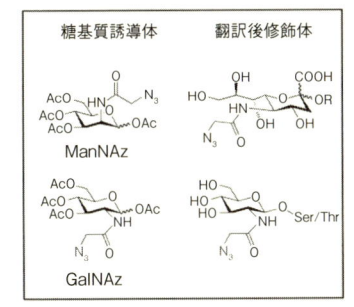

図 **2.20** (a-c) 生体直交生有機反応の例，(d) 糖タンパク質の代謝的ラベル化．
出典：E. Saxon and C. R. Bertozzi: *Science*, **287**, 2007 (2000).

2.5.1 金属イオンのイメージング

例えば,カルシウムイオンはカルシウムチャネルタンパク質によって細胞内外で厳密に濃度調節が行われており,その流入や放出によって標的タンパク質の機能を制御して,シグナル伝達を引き起こす.このイオンの重要性にいち早く着目した Tsien らは,カルシウムイオンの細胞内濃度を定量できる小分子蛍光プローブ Fura-2 を開発した[29].このプローブはカルシウムイオンを認識する配位子と,その認識を検出する蛍光団からなっており,これまでに様々な改良を経てカルシウムの関わる膨大な数の生命現象をイメージングするのに利用され,現在でも生物学における最も重要な分子プローブとして知られている.このようなイオンに対する小分子プローブ設計は,他の金属イオンへの応用も可能である.例えば,Kikuchi, Nagano らが開発した亜鉛イオンをイメージングするプローブは,亜鉛が神経細胞においてシナプスの活性を制御する重要な分子であることを実証した[30].Chang らは,銅,鉛,水銀など様々な微量金属イオンに対する可視化プローブを開発しており[31],それぞれが果たす生理学的役割や生体毒として働く際の分子メカニズムの解明への貢献が期待される(図 **2.21**).

(a) Fura-2 (Ca^{2+} センサー)　　(b) Zn-AF2 (Zn^{2+} センサー)　　(c) Coppersensor-1 (Cu^{1+} センサー)

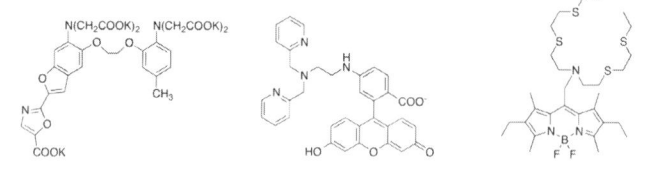

図 **2.21** イオンを検出する分子センサー群(Fura-2, Zn-AF, Coppersensor-1)の化学構造式.

出典:(a) T. Kawanishi, L. M. Blank, A. T. Harootunian, M. T. Smith and R. Y. Tsien: *J. Biol. Chem.*, **264**, 12589 (1989).
(b) K. Kikuchi, K. Komatsu and T. Nagano: *Curr. Opin. Chem. Biol.*, **8**, 182 (2004).
(c) D. W. Domaille, E. L. Que and C. J. Chang: *Nat. Chem. Biol.*, **4**, 168 (2008).

2.5.2 反応活性小分子のイメージング

一酸化窒素 (NO) や過酸化水素などの活性酸素種は，一般に不安定で強い酸化力をもつ．この化学的なエネルギーは ATP に変換されて利用されたり，それ自体がタンパク質の機能を制御するなど，生命を維持する上で必要不可欠な分子である．これらの活性分子を検出するために様々な小分子蛍光プローブが開発され，その意義が解明されてきた．その分子設計は金属イオンをイメージングするプローブ群とは異なり，可逆な認識ユニットではなく，活性酸素種と不可逆的に反応する官能基を，蛍光分子に直接導入する戦略である（図 **2.22**）[32]．例えば，過酸化水素をイメージングするプローブには，過酸化水素で酸化されて切断するボロン酸誘導体が用いられる[33]．これまでに，一重項酸素やヒドロキシラジカル，一酸化窒素など，様々な分子がイメージングされ，それぞれ生体内における役割を実証する強力なツールとして利用されている．

2.5.3 シグナル伝達物質のイメージング

多くの生理活性分子は構造が複雑で，人工的に設計・合成される化合物では特異的な認識を達成するのが非常に難しい．例えば，グルタミン酸や γ-アミノ酪酸 (γ-aminobutylic acid, GABA) などのアミノ酸は，主な神経伝達物質として機能しており，ヒトの記憶に関与する最も重要な分子であるが，これを特異的に認識する小分子のプローブは未だに報告されていない．このような構造が複雑な生理活性分子を認識する素子として，タンパク質を利用するのが効果的な戦略であると考えられる．構造が複雑な生理活性物質を細胞内でイメージングした先駆的な例としては，Tsien らが開発したサイクリック AMP (cAMP) を検出する FlCRhR が挙げられる（図 **2.23**）．これは cAMP 依存性キナーゼの酵素ドメインと調節ドメインのそれぞれに，FRET ペアとなる小分子を化学修飾したプローブである[34]．cAMP は細胞内でセカンドメッセンジャーとして働く重要なシグナル伝達物質であり，本研究はその重要性を再確認させた画期的な報告でもある．このように，リガンドを特異的に認識するタンパク質に蛍光分子をラベルしたプローブは活発に開発されてきている．例えば，グルタミン酸やイノシトールリン酸などの重要な生理活性物質の可視化が行われている．さらに，蛍光タンパク質を検出ユニットとして用いた場合，細胞内にプローブを発現

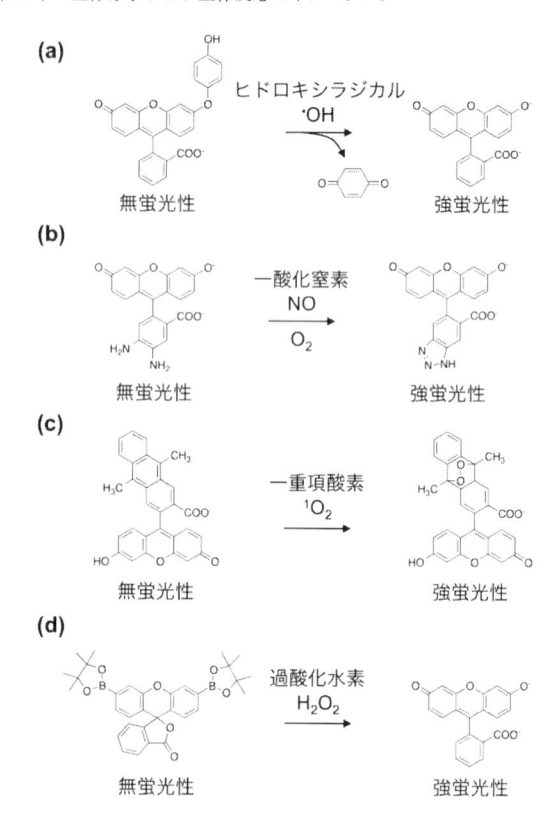

図 2.22 活性酸素（a:ヒドロキシラジカル，b:一酸化窒素，c:一重項酸素，d:過酸化水素）を検出するプローブ．
出典：H. Kobayashi, M. Ogawa, R. Alford, P. L. Choyke and Y. Urano: *Chem. Rev.*, **110**, 2620 (2010).

させることができるため，様々な生命現象が可視化されている．前述した脂質プローブも本原理を応用したプローブであるし，その他にも cAMP，ATP，GTP などのイメージングプローブや，タンパク質間相互作用をイメージングするプローブなど，様々なタイプのプローブが精力的に開発されている[35]．

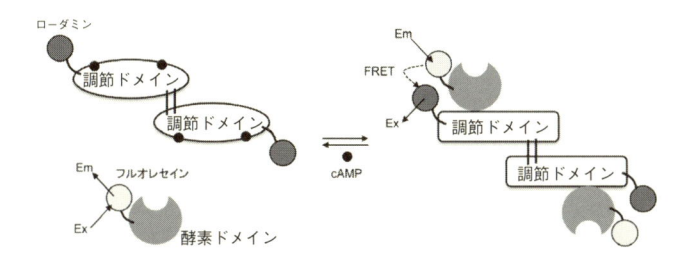

図 2.23 蛍光色素修飾タンパク質による cAMP 検出バイオセンサー：FlCRhR.
出典：S. R. Adams, A. T. Harootunian, Y. J. Buechler, S. S. Taylor and R. Y. Tsien: *Nature*, **349**, 694 (1991).

2.6 おわりに

本章で見てきたように，生体分子をイメージングする上では様々な化学原理や材料が必要となる．生体分子や生体反応をイメージングするプローブは，基本的には標的となる分子や反応を特異的に認識する認識ユニット，それを認識したことをシグナルに変換する検出ユニットの二つからなる．それぞれに対して要求される性質が異なり，その全てを網羅するプローブが望ましい．まず，標的となる分子や反応の認識ユニットとして要求されることは，標的に対して特異的なことである．これを満たすものとして，タンパク質に対してはその基質やリガンド分子のような小分子の他に，タンパク質表面を認識するポリマーや金ナノ粒子なども好例として挙げられる．次に，検出ユニットとしては，ナノ～マイクロスケールの微細な現象を解析する上では，蛍光小分子，量子ドット，蛍光タンパク質のような光を発する素子が，分解能が高く強力なツールである．個体レベルでの検出を行う場合には，シグナルの透過性という観点から，より長波長（近赤外）の光や MRI プローブ，PET プローブなどが汎用される．これらのプローブには金ナノ粒子やポリマー微粒子なども含まれる．最後に，プローブ分子全体としての生体適合性も重要な要素である．細胞内であれば，小分子プローブや生体高分子（タンパク質や核酸分子など）をベースとした方が代謝されやすいため，生体適合性に優れている．一方，個体レベルでは，ターゲティングを行う上ではナノスケールの会合体やポリマー微粒子などが有効である．

これらの要求を満たす新材料の開発は，今後も活発に行われていくだろ

う．特に生体分子を特異的に「認識する」のは非常に難しいので，画期的な新原理の開発がなされることが切望される．一方，生体適合性に関しては，全ての生命現象が理解されている訳ではないので，現状では試行錯誤の繰り返しである．プローブ分子の性質を決定するナノ材料において，この点に注意を払った新規物質の開発が進むであろう．また，特に疾病診断などにおいては，その精度・分解能の向上という観点からも，複数の検出モードを使ったイメージングデータの同時取得・定量比較が重要になってくると考えられる．さらに，複雑な疾病ではバイオマーカーと病気との単純な1：1対応は望めないので，新たなバイオマーカーの発見・創出とともに，複数マーカーの同時イメージングも必要となる．これらの高度な要求に応えるインテリジェントな材料創出が，分子・材料化学者によって進むことが期待される．

引用・参考文献

1) J. W. Gray, A. Kallioniemi, O. Kallioniemi, M. Pallavicini, F. Waldman and D. Pinkel: *Curr. Opin. Biotechnol.*, **3**, 623 (1992).
2) A. S. Piatek, S. Tyagi, A. C. Pol, A. Telenti, L. P. Miller, F. R. Kramer and D. Alland: *Nat. Biotechnol.*, **16**, 359 (1998).
3) A-. C. Syvanen: *Nat. Rev. Genetics*, **2**, 930 (2001).
4) V. V. Lunyak, R. Burgess, G. G. Prefontaine, C. Nelson, S-. H. Sze, J. Chenoweth, P. Schwartz, P. A. Pevzner, C. Glass, G. Mandel and M. G. Rosenfeld: *Science*, **298**, 1747 (2002).
5) S. Sando and E. T. Kool: *J. Am. Chem. Soc.*, **124**, 9686 (2002).
6) J-. M. Nam, C. S. Thaxton and C. A. Mirkin: *Science*, **301**, 1884 (2003).
7) S. I. Stoeva, J-. S. Lee, S. Thaxton and C. A. Mirkin: *Angew. Chem.*, **118**, 3381 (2006).
8) T. Ozawa, Y. Natori, M. Sato and Y. Umezawa: *Nat. Methods*, **4**, 413 (2007).
9) Y. Urano, D. Asanuma, Y. Hama, Y. Koyama, T. Barrett, M. Kamiya, T. Nagano, T. Watanabe, A. Hasegawa, P. L. Choyke and H. Kobayashi: *Nat. Med.*, **15**, 104 (2009).
10) G. V. Los, *et al*: *ACS Chem. Biol.*, **3**, 373 (2008).
11) A. Keppler, S. Gendreizig, T. Gronemeyer, H. Pick, H. Vogel and K. Johnsson: *Nat. Biotechnol.*, **21**, 86 (2003).
12) B. A. Griffin, S. R. Adams and R. Y. Tsien: *Science*, **281**, 269 (1998).
13) E. G. Guignet, R. Hovius and H. Vogel: *Nat. Biotechnol.*, **22**, 440 (2004).
14) A. Ojida, K. Honda, D. Shinmi, S. Kiyonaka, Y. Mori and I. Hamachi:

J. Am. Chem. Soc., **128**, 10452 (2006).
15) S. Tsukiji, M. Miyagawa, Y. Takaoka, T. Tamura and I. Hamachi: *Nat. Chem. Biol.*, **5**, 341 (2009).
16) G. Zlokarnik, P. A. Negulescu, T. E. Knapp, L. Mere, N. Burres, L. Feng, M. Whitney, K. Roemer and R. Y. Tsien: *Science*, **279**, 84 (1998).
17) C. Bremer, C-. H. Tung and R. Weissleder: *Nat. Med.*, **7**, 743 (2001).
18) C-. C. You, O. R. Miranda, B. Gider, P. S. Ghosh, I-. B. Kim, B. Erdogan, S. A. Krovi, U. H. F. Bunz and V. M. Rotello: *Nat. Nanotech.*, **2**, 318 (2007).
19) E. N. Savariar, S. Ghosh, D. C. Gonzalez and S. Thayumanavan: *J. Am. Chem. Soc.*, **130**, 5416 (2008).
20) Y. Takaoka, T. Sakamoto, S. Tsukiji, M. Narazaki, T. Matsuda, H. Tochio, M. Shirakawa, I. Hamachi: *Nat. Chem.*, **1**, 557 (2009).
21) K. Mizusawa, Y. Ishida, Y. Takaoka, M. Miyagawa, S. Tsukiji, I. Hamachi: *J. Am. Chem. Soc.*, **132**, 7291 (2010).
22) W. J. Betz, F. Mao and C. B. Smith: *Curr. Opin. Neurobiol.*, **6**, 365 (1996).
23) L. J. Sparvero, A. A. Amoscato, P. M. Kochanek, B. R. Pitt, V. E. Kagan and H. Bayir: *J. Neurochem.*, **115**, 1322 (2010).
24) M. Sato, Y. Ueda, T. Takagi and Y. Umezawa: *Nat. Cell Biol.*, **5**, 1016 (2003).
25) M. Sato, Y. Ueda and Y. Umezawa: *Nat. Methods*, **3**, 797 (2006).
26) E. Saxon and C. R. Bertozzi: *Science*, **287**, 2007 (2000).
27) S. T. Laughlin, J. M. Baskin, S. L. Amacher and C. R. Bertozzi: *Science*, **320**, 564 (2008).
28) P. V. Chang, J. A. Prescher, E. M. Sletten, J. M. Baskin, I. A. Miller, N. J. Agard, A. Lo and C. R. Bertozzi: *Proc. Natl. Acad. Sci. USA*, **107**, 1821 (2010).
29) T. Kawanishi, L. M. Blank, A. T. Harootunian, M. T. Smith and R. Y. Tsien: *J. Biol. Chem.*, **264**, 12589 (1989).
30) K. Kikuchi, K. Komatsu and T. Nagano: *Curr. Opin. Chem. Biol.*, **8**, 182 (2004).
31) D. W. Domaille, E. L. Que and C. J. Chang: *Nat. Chem. Biol.*, **4**, 168 (2008).
32) H. Kobayashi, M. Ogawa, R. Alford, P. L. Choyke and Y. Urano: *Chem. Rev.*, **110**, 2620 (2010).
33) E. W. Miller, A. E. Albers, A. Pralle, E. Y. Isacoff and C. J. Chang: *J. Am. Chem. Soc.*, **127**, 16652 (2005).
34) S. R. Adams, A. T. Harootunian, Y. J. Buechler, S. S. Taylor and R. Y. Tsien: *Nature*, **349**, 694 (1991).
35) H. Wang, E. Nakata and I. Hamachi: *ChemBioChem*, **10**, 2560 (2009).

第3章

医療とイメージング
−臨床および前臨床において−

3.1 生体イメージングの概要と比較

1896年にRöntgenが史上初の生体イメージングともいえる手の単純X線画像の取得に成功して以来，20世紀における医療技術の進歩において，生体イメージングは診断法の中核として主要な役割を果たしてきた．とりわけ，コンピュータによる画像処理技術が誕生した1980年代からの革命的ともいえる急激なデジタル画像技術の発展は，断層像や三次元画像などの新しい生体イメージング技術を普及させた．単純なX線画像から，X線源を回転させて断層情報を得るX線CT (computed tomography) へ．物質の構造解析に使われていた核磁気共鳴 (nuclear magnetic resonance, NMR) 法から，生体を三次元的にイメージング可能なMRI (magnetic resonance imaging) へ．生体に投与した放射性物質を検出するガンマカメラからSPECT (single photon emission CT)，そしてPET (positron emission tomography) へ．21世紀が始まる頃，これらのデジタル画像技術に立脚した生体イメージング技術は成熟期を迎え，医療における撮像手法や診断手法として確立され，医療に欠くことのできない存在となった．一方で，ハードウェアの開発が徐々に減速する中，新しい技術的発展や研究の展開を求める動きが始まった．それは，従来までの画像・情報処理技術やハードウェア開発に立脚する発展から，別の発展形態を模索するものであり，その一つは材料学や高分子化学，とりわけナノ技術に起因する薬剤送達・標的化技術やプローブ（造影剤）の高機能化や複合化であり，例えば生体のバイオマーカーを特異的に検出するプローブ，複数の画像技術の結合，治療と診断の融合など，これまでの生体イメージングの発展からは異

質ともいえる技術開発が進み始めた．こうした動きは複数の学問領域が交錯することによって生まれつつあり，ある視点では「分子イメージング」，あるいは別の視点から「薬剤送達イメージング」「ナノメディシン」「セラグノシス (theragnosis)」などのキーワードで説明され，2012 年現在，極めて活発な研究開発領域となっている．本章では断層画像法を中心に各種生体イメージング技術を概説し，今後，先端材料がどのように生体イメージングに進展をもたらしうるかについて考察したい．

3.2 磁気共鳴イメージング (MRI)

MRI は磁場と FM 帯の電磁波（臨床では 21〜128 MHz）を利用した生体イメージング法であり，電離放射線を使用しないため完全な無侵襲で，生体に対して繰り返し利用できる（図 **3.1**）．その計測原理は，静磁場中に水を置くと，水素原子核（^{1}H：プロトン）が特定の電磁波のエネルギーを吸収し励起する現象，すなわち核磁気共鳴 (NMR) に基づく（Rabi; 1944 年ノーベル物理学賞，Bloch および Purcell; 1952 年ノーベル物理学賞）．水の NMR 信号は，均一な磁場であるほど分解能の高い信号が得られることが常識であるが，均一な磁場を乱す傾斜磁場を印加するという逆転の発想により共鳴周波数に位置情報を付与することに成功し，イメージングとしての利用の道が開かれた（Lauterbur [1] と Mansfield; 2003 年ノーベル生理学・医学賞）．それは分析装置から医用診断装置への展開を意味した．

3.2.1 MRI の特徴と形態イメージング

MRI の特徴と弱点を，後述の核医学イメージングや CT など他の生体イメージング法と比較してまとめる（**表 3.1**）（文献 [2] を参考に改変）．MRI の特徴は，電離放射線の被ばくがなく，高い空間分解能（臨床装置で 0.5〜2 mm 前後，高磁場装置で 50〜100 μm 程度）での断層撮像を三次元的に取得でき，加えて軟部組織で高いコントラストが得られる点である．また，全国で 5〜6 千台ともいわれる臨床での普及性は，新たな研究や開発の結果が多くの患者に恩恵を及ぼし，また経済的な波及効果が見込めることを示す．

これまでの MRI の開発と発展において，パルスシーケンスと呼ばれる撮像手法の開発が果たした役割は大きい．シーケンスの種類や設定値（パラメーター）を変えることで，生体内の様々な現象を「強調」するように

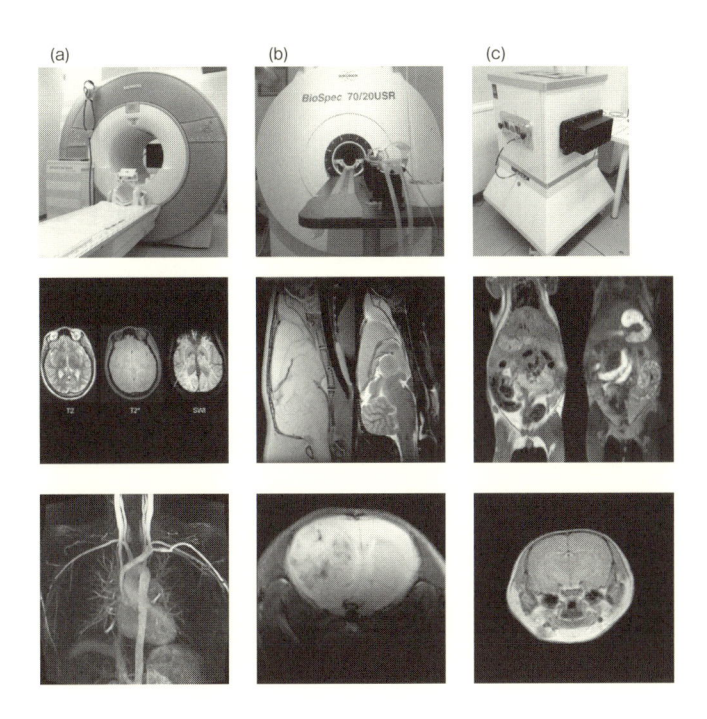

図 3.1 MRI 装置と典型的なイメージング.
(a) 超伝導磁石を用いた臨床用 3T MRI 装置（Siemens）（上）. 近年，口径が 70 cm を超えるものやオープン型も登場. ヒト頭部冠状断像（中：T_2 強調画像，T_2^* 強調画像，磁化率強調画像），造影によるアンギオグラフィ（下）.（画像提供：シーメンス・ジャパン）.
(b) 前臨床用 7T MRI 装置（Bruker）（上）. 超伝導磁石による水平型で 4.7T から 11.7T が商用として提供. ラット頭部冠状断像（中：T_1 強調画像，T_2 強調画像），マウス脳腫瘍モデルの冠状断像（下：クライオコイルを使用し，平面内空間分解能 50 μm）.
(c) 前臨床用小型 MRI 装置（AspectImaging）（上）. 永久磁石による水平型で，コンパクトな筐体と小さな設置面積を実現. マウス頭部冠状断像（中）とマウス体幹水平断像（下）.（画像提供：國領大介博士（放医研））

表 3.1 生体イメージングのモダリティ比較.

	使用する電磁波・音波	空間分解能	深さ	時間分解能	感度 (mol/L)
MRI	ラジオ波	$25\sim300$ μm	無制限 (断層)	秒～時間 *	$10^{-3}\sim10^{-5}$
PET	高エネルギーγ線	$1\sim2$ mm	無制限 (断層)	10秒～分	$10^{-11}\sim10^{-12}$
SPECT	低エネルギーγ線	$1\sim2$ mm	無制限 (断層)	分	$10^{-10}\sim10^{-11}$
蛍光	可視光・近赤外線	$2\sim3$ mm+	<1 cm	秒～分	$10^{-9}\sim10^{-12}$ (推定)
発光	可視光	$3\sim5$ mm+	$1\sim2$ cm	秒～分	$10^{-15}\sim10^{-17}$ (推定)
CT	X線	$50\sim200$ μm	無制限 (断層)	秒～分 *	不詳
超音波	超音波	$50\sim500$ μm	mm～cm	秒～分	不詳

(+：深部の場合)

出典：T.F. Massoud and S.S. Gambhir: *Genes. Dev.*, **17**, 545 (2003).
* 高速スキャン技術の登場により改変

コントラストを変化させたり，解剖学的な情報だけではなく，生体の機能的な情報あるいは細胞や特定の分子に関連する情報を引き出したりすることが可能である．1980年代から90年代にかけて，様々なパルスプログラムの開発が試みられ，新しい機能画像，高速化，三次元化，定量化などの多様性を獲得，ハードウェア技術と並行して装置性能の向上に寄与した．

他の生体イメージングモダリティとの比較において，MRIの欠点は造影剤などのプローブに対する感度（検出力）が低い点である．例えば，後述のPETがnMあるいはpMの濃度範囲の外来性プローブを検出することが可能なのに対して，MRIでは通常mMあるいはμMの濃度範囲が必要となる．一方で，例えば酸化鉄微粒子における磁化率効果の利用よって，単一細胞の観察が可能になるなど，機能画像法を含む多様な撮像法を活用することで，低感度である欠点を克服することも可能である．本稿では，NMRの原理を詳細に述べることは避け，材料学と関連すると思われる基本的な画像コントラストの形成について，造影剤との関連を含めて概説したい．

3.2.2 緩和時間，緩和率，緩和能

まず，NMR/MRIにとって重要となる用語で，時に混同する危険性があ

る「緩和時間」「緩和率」および造影剤の「緩和能」について，簡単に整理したい．

プロトン NMR における縦緩和時間 (T_1) とは，静磁場中に置かれた原子核が共鳴周波数の電磁波を受けることによって励起され，そのエネルギーを放出して基底状態に戻るまでの時間（時定数，単位は s）を表す．スピン–格子緩和ともいわれ，磁化ベクトルの縦磁化が熱エネルギーの形で周囲の空間（格子）に徐々に放出され熱平衡状態に達するまでの時間で，純水などプロトンの運動を阻害する因子が少ない液体では長くなり，ゲルや固体では短縮する．励起後，T_1 時間経過すると，縦磁化はその最終的な状態の約 63% まで回復する．

横緩和時間 (T_2) とはスピン–スピン緩和といわれ，二つの因子から説明される．一つは，励起後，核スピンの位相が揃った状態（コヒーレンス）が崩れて見かけ上の信号が消失する現象，もう一つはエネルギー準位間の遷移による説明であり，いずれにしても，励起後，横磁化を消失するまでの時間を表す．励起後，T_2 時間経過すると，横磁化はその最終的な状態の約 37% まで低下した状態となる．

T_1・T_2 の逆数である緩和率（縦緩和率：R_1，横緩和率：R_2）（緩和速度ともいわれ，単位はともに s^{-1}）もよく使用される．例えば，造影剤濃度と緩和時間の関係を表現する場合，「造影剤濃度が上昇すると緩和時間が短縮する」という関係になり，表現が複雑化する場合は緩和率を用いることで，正の相関をもつ，より単純なグラフや計算画像を表現できる．

緩和能（縦緩和能：r_1，横緩和能：r_2）（単位は生体では $mM^{-1}\ s^{-1}$ が多用される）は，MRI 造影剤などの化合物がその周囲にある水のプロトンの緩和時間をどれだけ短縮させる能力をもつかを表現する．緩和能は既知の造影剤濃度，造影剤の添加前後の緩和時間の三つの値から算出される．ここでは縦緩和能の式を示す．

$$\left(\frac{1}{T_{1(obs)}}\right) = \left(\frac{1}{T_{1(diam)}}\right) + r_1[C]$$

$T_{1(obs)}$：造影剤添加後の水溶液の緩和時間 (s)

$T_{1(diam)}$：造影剤添加前の溶媒の緩和時間 (s)

r_1：縦緩和能 ($mM^{-1}\ s^{-1}$)

[C]：造影剤の濃度 (mmol/L, mM)

3.2.3 基本的な MRI 撮像法とコントラスト

最も基本的かつ標準的となる MRI 撮像法は，T_1 強調画像と T_2 強調画像である（図 **3.2**(a,b)）．T_1 強調画像は「短い T_1 をもつ組織が，より高信号で白く描出される」ように設定された画像で，生体においては典型的な解剖学的情報を提供し，脳の場合，組織が密に存在する脳実質が高信号に，液状の脳脊髄液が低信号に描出される（図 3.2(a)）．T_1 強調画像の信号強度は定量的ではないため，個体間で比較することはできない．サンプル等の標準試料を基準に信号比を計算するか，反転回復法または飽和回復法などを用いて複数の画像の信号強度を回帰することで，定量的な T_1 マップを計算し比較する必要がある．

T_2 強調画像は「長い T_2 をもつ組織が白く描出される」ように設定された画像で，脳の場合，脳室中に存在する液体である脳脊髄液が高信号に，脳実質が低信号に描出される（図 3.2(b)）．また，多くの腫瘍組織は他の組織に比べて自由水の含有量が多いため，T_2 強調画像にて高信号を呈する．

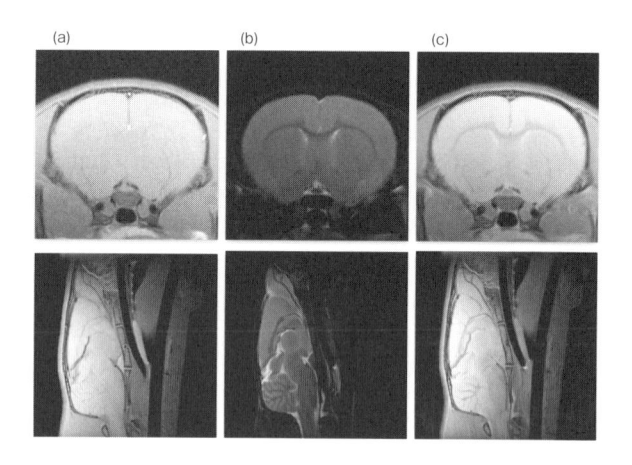

図 **3.2** T_1・T_2 強調画像．
(a) 7T MRI によるラット頭部の T_1 強調画像（上：冠状断，下：矢状断．TR = 300 ms, TE = 10 ms, スライス厚 = 1 mm, 平面内空間分解能 = 100 μm）．
(b) ラット頭部の T_2 強調画像（上：冠状断，下：矢状断．TR = 3000 ms, TE = 50 ms）．
(c) ラット頭部のプロトン密度強調画像（上：冠状断，下：矢状断．TR = 3000 ms, TE = 10 ms）．

T_2 強調画像もまた,その信号強度は定量的ではないため,個体間を比べる場合はマルチエコー法などを用いて,定量的な T_2 マップを計算し比較する必要がある.

MRI が形成するコントラストは,最も基本的な T_1 強調画像と T_2 強調画像に関しても,いささか複雑である.すなわち,造影剤の濃度と信号強度が比例しない点(図 **3.3**(a)),撮像条件(パラメーター設定)によってコントラストが変化する点,定性的な画像(T_1・T_2 強調画像)と定量的な計算画像((T_1・T_2 定量マップ:図 3.3(b)))など複数存在する点が,その複雑性を作っている.一方で,臨床だけでなく前臨床研究においても,基本とされる撮像方法は固定化されており,多くがプリセットされた撮像条件で実施可能である点や,ソフトウェアの改良により撮像や解析が自動化されている点など,以前に比べると専門知識がなくても十分に利用できる環境になってきたともいえる.

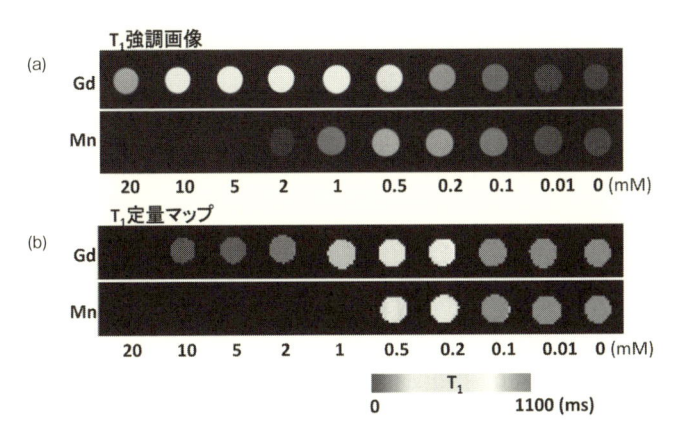

図 3.3 T_1 強調画像のコントラストと T_1 定量マップ.

(口絵 3 参照)

3.2.4 コントラストの修飾と機能イメージング

MRIでは，脂肪組織や液状の脳脊髄液からの信号を消去したり，逆に脂肪の信号のみを残したり，という撮像条件を設定することが可能である．これらは組織抑制法（脂肪抑制，水抑制など）と呼ばれ，撮影に使用するパルスシーケンスに反転あるいは飽和パルスと呼ばれる修飾パルスを加える手法で可能となる．MRI信号には拡散，流れ，化学シフトとして観察される化学的構造，代謝情報など多くの生体情報が含まれており，繰り返し時間 (TR) やエコー時間 (TE) などの測定パラメーターの変更，修飾 RF パルスや傾斜磁場などを加えることで，NMR 信号から目的となる情報をうまく取り出し，画像上に「強調」することにより，機能イメージングや代謝イメージング，そしてある種の分子イメージングを可能にする．

(1) 脳機能画像法 (functional MRI, fMRI)

最も代表的な機能イメージングとしては fMRI がある（図 **3.4**）．この手法は，脳神経の活動に伴って局所で酸化型と還元型ヘモグロビンの割合が変化する際に生じる信号変化を検出する．この信号変化は BOLD (blood oxygenation level dependent) 効果と呼ばれ，1990年に米国のベル研究所の小川誠二博士らによって発見され[3]，新しい学問分野の開拓に繋がった．

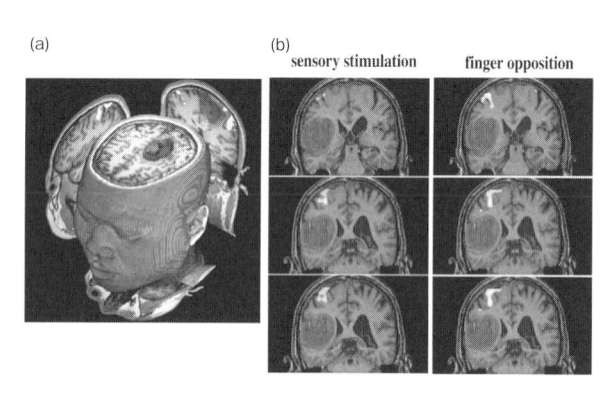

図 **3.4** 脳機能画像法 (fMRI)．
典型的なヒト fMRI の解析結果．脳腫瘍の患者の手術計画に，感覚刺激と指の動作に関係する脳領域を同定して利用した例．（画像提供：(a) シーメンス・ジャパン，(b) 田中忠蔵博士（明治国際医療大学））

脳活動の際,局所の神経活動により一時的に酸素が消費されるが,その酸素低下は局所血流の増大を促し,結果的に酸化型ヘモグロビンの割合を増大させ,信号上昇を引き起こす.脳機能解析を行う際は,磁化率の変化に鋭敏な撮像条件で連続撮像を行いながら,特定の刺激(例えば視覚刺激など)を繰り返し実施し,刺激の有無と信号変化の相関を統計的に解析することで,特定の刺激に特異的に反応する脳領域を抽出する.最近では,動き・歪み補正や統計解析手法の改善などの技術的改良によって,従来では検出が難しかった反応,例えば心理学や社会行動学に関連する課題による脳賦活の解析,薬剤投与に対する脳の反応性の観察,安静時の脳活動の変化や連携性,腫瘍の酸素代謝の解析など,その応用範囲が拡大している.

脳には血液脳関門が存在し,多くの人工材料が通過しないことから,まずは脳内に送達させる手法の開発が前提になるため,材料学としてのハードルは高い.脳内への送達方法は不完全ながら,脳機能を直接検出するCa^{2+}センサー等の先駆的な報告が前臨床において見られる[4].また,脳内に送達可能な低分子薬剤で造影効果をもつニトロキシルラジカル化合物を用いた研究が幾つか存在する.近年,glutathione トランスポーターを使うなど BBB を通過させるためのキャリアも開発されつつあり(to-BBB technologies, オランダ),徐々に材料学としてのアプローチが開拓されている.困難ではあるが,BBB を越えて脳内に送達させる DDS 技術は,今後,重要な研究開発分野となると考える.

(2) 脳灌流画像法 (perfusion MRI)

MRI を用いて局所の脳灌流 (rCBF) をマッピングする方法は複数存在する.臨床的にも使用されているのは,造影剤である Gd-DTPA を急速に投与し,連続撮像によって,その動態を解析し局所の脳灌流量を計算する方法である.また,腫瘍や腎機能を評価する手法としても応用されている.

造影剤を使用しない,完全に無侵襲な手法も存在し,動脈血スピン標識法 (ASL) と呼ばれる.脳に流入する水のプロトンに対して,反転パルスを照射することで「黒い信号」となるように標識し,まるで墨を流すかのように,組織に流入するプロトンが引き起こす信号低下を観察する.ヒトを対象とした脳機能研究では,前述の fMRI と同様に,rCBF を基準に脳賦活を捉えようとする研究が多く報告されている他,前臨床研究においては,虚血性疾患に対する薬剤効果の評価や可逆的変性領域の区分などの研究が

多く，今後は腫瘍の特徴や治療効果の評価など，より先進的な領域に実用化が期待される．

(3) MR 血管造影 (MR angiography, MRA)

MRA は，通常の組織の信号を暗くし，撮像面内に流入する水の信号を白く残した撮像手法で，主に動脈血が信号として反映される（図 3.5）[5]．撮像時間が短いため，多くの場合，三次元的に撮像され，最大値投影法 (MIP) を用いて，動脈の血管構造を立体的に描出することが可能である．臨床的には主に動脈瘤の検出や血管閉塞の診断に効果的に利用されている．MRA では必ずしも造影剤を使用する必要はないが，造影剤を用いることで，より微小な細動脈を描出することが可能となる．緩和能が高く，血中半減期が長い造影剤は，MRA の描出能に大きな改善をもたらし，より高い空間分解能での MRA を可能にすると考えられる．血管再生治療の評価や，逆に腫瘍栄養血管の観察や治療評価など，これまでの医療になかった適用範囲が出現するかもしれない．

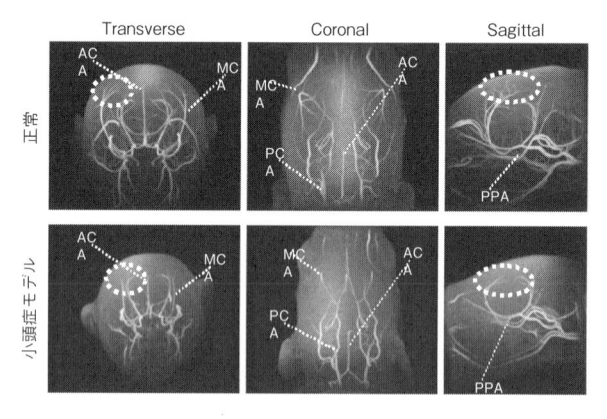

図 3.5 MR 血管造影 (MRA)．
7T-MRI による新生仔ラット脳の MRA．放射線照射による小頭症モデルでは，正常に比べて細動脈の構造に変化が見られる．（画像提供：齋藤茂芳博士（大阪大学））

出典：S. Saito, I. Aoki, *et al.*: *Radiat. Res.*, **175**, 1 (2011).

(4) 拡散強調画像法 (diffusion-weighted MRI, DWI) と見かけの拡散係数マップ

DWI は水分子の拡散を反映した画像法であり，水分子の動きが制限されている場合は高信号に，自由に動ける場合は低信号に描出される．MRI の信号に水分子の運動を反映させるために，MPG という二つの傾斜磁場を加えて撮像され，急性期脳梗塞で生じる脳浮腫を検出可能な数少ない方法として臨床でも多用されている．DWI における信号値は定性的なものだが，MPG の強さと印加時間を変化させて複数の DWI を撮像することで，見かけ上の拡散係数 (apparent diffusion coefficient, ADC)（単位は mm^2/s）を反映する定量値（ADC マップ）を計算することができる．古典的な説明では，脳梗塞の初期には細胞が膨化して細胞外液の分布が低下する細胞傷害性浮腫が生じ，徐々に細胞外腔が増大する血管原性浮腫に移行するとされ，ADC は細胞内の動きが制限された水の分布を反映すると説明されてきた．この手法は，脳虚血だけでなく腫瘍治療の評価[6]や治療評価，外傷，炎症性変化など，多くの分野に利用可能である．加えて，水の分子拡散には大きさだけではなく方向という因子が存在し，拡散が多く生じる方向を観察する手法である拡散テンソル法も実用化され[7]，神経軸索の走行や脳の白質病変の評価に利用されている．

(5) CEST

最近，異なる分子のイメージングが可能な化学交換飽和移動 (chemical exchange saturation transfer, CEST) といわれる手法が注目を集め[8]，併せて CEST 造影剤も開発されている[9]．^{1}H-NMR では，水分子の中に異なる分子が混じっている場合，分子の化学結合または構造に依存して，その共鳴線が分割されたり，周波数がシフトしたりする．周波数がシフトした共鳴線の MR 信号に対して飽和用 RF パルスを照射すると，化学交換の程度に応じて水分子の信号も同時に低下する（飽化移動あるいは飽和移動と呼ばれる）．つまり，ある特定の分子の分布やふるまいを，観察が容易な水信号の変化を通じて観察しようとする手法である．

この現象は，前出の酸化鉄や Gd といった強力な緩和時間の短縮効果をもつ造影剤では，信号の減衰が大きすぎて観察できない状態になるが，Eu^{3+}，Tm^{3+}，Dy^{3+}，Yb^{3+} などの常磁性イオン，ユーロピウム (Eu) あるいはデンドリマーやポリペプチド等の物質はより小さな磁性をもち，タンパク

などの微小な分子環境を反映した磁化移動効果の検出を可能とする．感度面において不十分であるため，in vivo における適用は未だ開発途上であるが，最近，前臨床やヒトに応用した研究が増え始めてきた．この手法は特定タンパクの分子環境を反映した，真の意味での「MR 分子イメージング」をもたらす可能性がある．

　MRI は，造影剤を加えることなく，測定条件やパルスシーケンスの開発によって多彩な機能イメージングの取得が可能となった．しかし，筆者らは，これからの新しい MRI を切り拓く技術は高分子や材料学を駆使した高機能造影剤，あるいは治療・診断の融合にあると信じている．次の 3.2.5 項では基本的な造影剤を概観するとともに，現在，急速に進展する MRI による分子・細胞イメージングの近況をまとめる．

3.2.5　現行の造影剤と機能性造影剤
(1)　陽性造影剤

　臨床において，2012 年現在使用されている MRI 造影剤は，大部分がガドリニウムイオン (Gd^{3+}) をキレート剤（錯体）によって包んだ Gd 造影剤である．Gd はキレートに対して強い結合力と生体安定性をもち，また 7 個の不対電子をもつ常磁性物質として優れた陽性の（T_1 強調画像法において信号増強をもたらす）MRI 造影剤である．多くの造影剤には標的性や機能性はないものの，投与後の動態変化から臓器や組織の輪郭をおおよそ描出することができる．脳では脳血液関門の破綻を反映して組織に貯留することから，脳腫瘍に対して優れた検出力を有している．また，EOB・プリモビスト® という商品名の gadoxetate sodium は，脂溶性のエトキシベンジル基を付加しており，ビリルビン代謝と同じ機序で正常の肝細胞にも取り込まれて腫瘍とのコントラストを形成するという一定の標的性を有している．さらに，海外には国内未承認の臨床用造影剤が複数存在している（例えば，Mn-DPDP，血管プール造影剤 Vasovist® など）．Gd-DTPA や Gd-DOTA などの Gd キレート剤は，1 時間程度で腎排泄されるなど安全で優れた陽性造影剤であるが，近年，腎障害をもつ患者に対する投与において，まれな事例ながら，一部で腎性全身性線維症 (nephrogenic systemic fibrosis, NSF) という不可逆的な変性をもたらすことが報告されている．

その原因は特定されていないが,腎疾患をもつ患者で Gd キレート剤の体外排出が遅れた場合,キレートから毒性の強い Gd^{3+} が遊離して全身性の炎症・繊維化をもたらすという仮説が有力であり,この副作用報告は今後,正常細胞に取り込まれるタイプや血中半減期が長い Gd 造影剤を開発する際に,注意すべき点になると思われる.

(2) 陰性造影剤

一方,T_1 および T_2 強調画像において信号低下を引き起こすカルボキシデキストランで被覆された超常磁性酸化鉄微粒子 (SPIO) などの陰性造影剤にも優れた特徴と幅広い応用範囲がある(ナノ粒子:図 3.7(a) を参照)[†].酸化鉄微粒子の最大の特徴は,磁化率効果によって検出力が極めて高くなることであり,とりわけ高磁場 MRI でその傾向が強くなる.酸化鉄微粒子,とりわけ粒径が大きなものを高磁場中に置くと,その周囲の磁場空間を歪ませ,実体積の 10〜100 倍もの空間の信号を暗転させる.これは体積を過大評価させたり,観察が必要な組織の信号をも低下させたりする場合(磁化率アーティファクトとも呼ばれる)もあるが,特定のプローブに対する検出感度が高くない MRI にとって,この増感効果の利用は重要なメリットとなる.様々な粒径をもつ酸化鉄微粒子(SPIO: 小さなものから USPIO, MSPIO, LSPIO などと呼ぶ)あるいは単結晶性酸化鉄ナノ粒子 (MION) によって移植細胞を標識し,in vivo で細胞追跡を行う手法が前臨床研究で試みられており,一部は臨床研究へも移行しつつある.近年,より造影能が高い超常磁性物質の開発,高分子化合物であるデンドリマーや遺伝子操作技術であるベクターによる効率的な細胞内移入法の開発などの進展があり,標識した神経幹細胞の生体内追跡[10],さらにはミクロンサイズという大きめの酸化鉄微粒子を用いて,マウス胚における単一細胞の検出と追跡が可能であることが報告された[11].例えば,生体内における「単一細胞レベルでの追跡」に関しては,高い空間分解能をもつ高磁場 MRI と酸化鉄微粒子の組み合わせによって初めて達成される.酸化鉄微粒子を用いた「細胞イメージング」は,今後,移植治療後の生着や免疫細胞の移動を in vivo で追跡しうると考えられ,前臨床あるいは臨床研究における幅広い分野に大きな貢献が期待できる.一方で,酸化鉄微粒子が細胞内に長期間存在し

[†] 濃度や磁場強度によっては陽性造影剤となる場合もある.

た場合に生じる細胞毒性,中腔性臓器などの空間的不均一性が高い臓器への対応など,解決すべき課題も多い.

(3) 機能性造影剤と activatable probe

近年,常磁性造影剤に外部環境を反映して造影効果を変化させる「activatable probe」とも呼べる新しい機能を付加する試みが,基礎〜前臨床研究レベルで始まっている.現状では *in vitro* による実験が大半であるが,酵素 (β-galactosidase) [12],Ca^{2+} 濃度 [13],pH [14] 等に依存して造影効果が発揮される造影剤が報告されている.さらに,特定のタンパク (Ga180) に集積させる試み [15] など,機能性や標的化を付与した新しい造影剤開発が進められている.また,臨床には直接使用できないものの,マンガンイオン (Mn^{2+}) が細胞の Ca^{2+} チャネルを通過するという性質を利用したマンガン増感 MRI (manganese-enhanced MRI, MEMRI) と呼ばれる手法が,

1) 神経賦活の描出 [16]
2) 末梢神経経路や中枢での繊維連絡の描出 [17]
3) 海馬など特定の神経構造 [18] や層構造の描出 [19]

など,基礎研究を中心に多くの報告がある(図 **3.6**(a)).Mn は前世紀に鉱山での労働者に見られたマンガン中毒として知られるように,毒性が高いという印象があるが,一方でコメやナッツ,ベリー類などの食物にも多く含まれ,生体必須元素であることも知られている.臨床では欧米で肝腫瘍造影を目的に Mn-DPDP(テスラスキャン®)が承認され市販されたが,前述の陽性造影剤 EOB・プリモビスト® の登場により商品性が低下し,現在は販売が停止されている.一方,国内では経口造影剤として,塩化マンガン水溶液(ボースデル内用液®)が利用されている.とりわけ,薬剤送達に使用される長い血中半減期をもつナノ粒子担体の体内追跡においては,イオン化した際の毒性が Gd によりも小さいため,Gd に対する代替手法としても期待される.前出のニトロキシルラジカル化合物についても,脳血液関門を通過可能で,組織の酸化還元状態を反映する機能性造影剤として注目されている(図 3.6(b,c))[20].

(4) 遺伝子発現のイメージング

遺伝子発現に対応した信号変化を MRI で検出する手法として,トランスフェリンレセプター (TfR) 遺伝子の発現を可視化した報告がある [21].ト

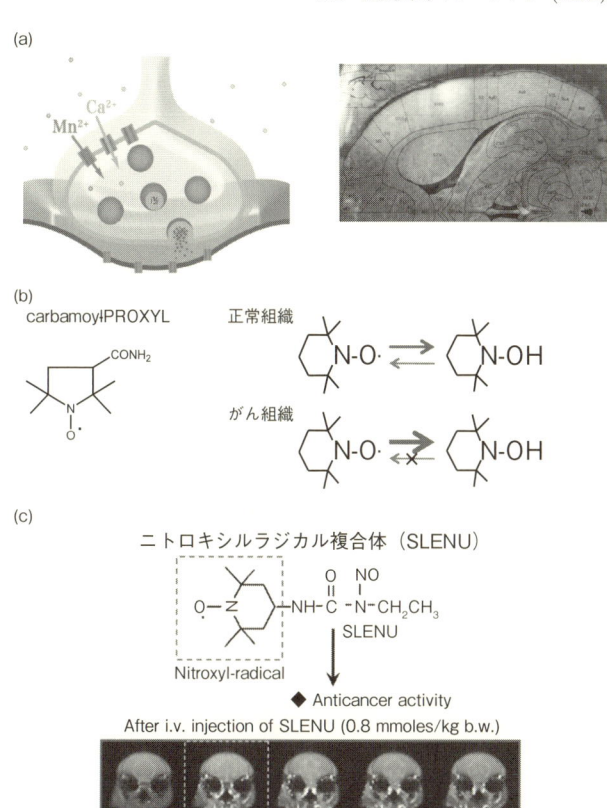

図 3.6 機能性造影剤．様々な種類の機能性造影剤が報告されているが，その一例を示す．
(a) Ca^{2+} に擬態して，MRI で陽性造影剤として働く Mn^{2+}．前臨床で神経賦活や経路トレースなど多方面に応用されている．（画像提供：河合裕子博士（明治国際医療大学））
(b) ニトロキシルラジカルは組織の酸化還元状態に依存して，信号が変化する．感度は高くないが，信号変化を時系列で解析することで組織レドックスを反映した解析が可能．脳内に入る数少ない造影剤でもある．

出典：Z. Zhelev, R. Bakalova, I. Aoki et al.: *Chem. Commun. (Camb.)*, **7**, 53 (2009).

(c) ニトロキシルラジカルと抗がん剤を結合させた化合物 SLENU．BBB 透過性を持ち，脳腫瘍への薬剤送達を推定できる．（画像提供：Rumiana Bakalova 博士（放医研））

ランスフェリンは鉄の細胞内輸送を行うタンパクで、細胞増殖やヘモグロビン産生に必要な鉄を、TfRを介して細胞内に供給する．Weisslederらは、TfRを過剰発現させた腫瘍に対して、トランスフェリンとMIONを結合させた造影剤が多く集積することを示し、TfRの発現に相関したマッピングを行うことに成功した[21]．

また、フェリチンを用いて、遺伝子発現に応じたT_2の変化をMRIで検出する方法も有望である．フェリチンは生体内での鉄の貯蔵や消化の際の鉄の吸収に関与するとされる内因性のタンパク質で、Cohenらは遺伝子操作マウスにおいて、過剰発現したフェリチン重鎖を反映したイメージングに成功[22]、またAungと長谷川らは電気穿孔法により遺伝子導入した腫瘍部位に発現したフェリチン重鎖のMRIでの検出に成功している[23]．遺伝子発現を検出するイメージング手法は、蛍光を使用したものが一般的であるが、今後、深部臓器を中心に、生物学研究および腫瘍における遺伝子治療に関連してMRIあるいは複合手法の重要性が増すと考えられる．

(5) 薬剤送達システム (DDS) とイメージング

近年の高分子化学やナノテクノロジーの進展は、高分子化合物やナノ粒子を担体（キャリア）として、標的での集積性や特異性の高いDDSを可能としつつある（図 **3.7**）．例えば、ミセル、リポソーム、デンドリマー、フラーレン、カーボンナノチューブ、量子ドット、エマルジョンなどは、より副作用が少なく効果的な薬物治療だけでなく、薬剤に診断能を付与することにより、個別化医療（テーラーメイド医療）や、超早期あるいは将来予測診断、あるいはイメージングのガイド下に治療を行うセラグノシス (theragnosis) と呼ばれる次世代型の治療などへの利用が期待されている．

現在のところ、ナノ粒子の医療への応用として製品化されているものは多くなく、既存薬剤の徐放化、血中濃度の遷延化などが中心である[24]．塩酸ドキソルビシンを内包したリポソーム（ドキシル®）が国内外で承認され市販されている．ポリエチレングリコール (PEG) を表面に付加することで、肝臓での捕捉を回避（ステルス性），血中滞在性を延長し、EPR (enhanced permeability and retention) 効果と呼ばれる受動的標的化によって、特定の腫瘍、再発した卵巣がんやエイズに関連するカポジ肉腫などに適用されている[24]．一方で、臨床で発生する多くの腫瘍では、腫瘍の栄養血管と腫瘍細胞の間に間質系と呼ばれる障壁組織を発達させ、100〜150 nmを超え

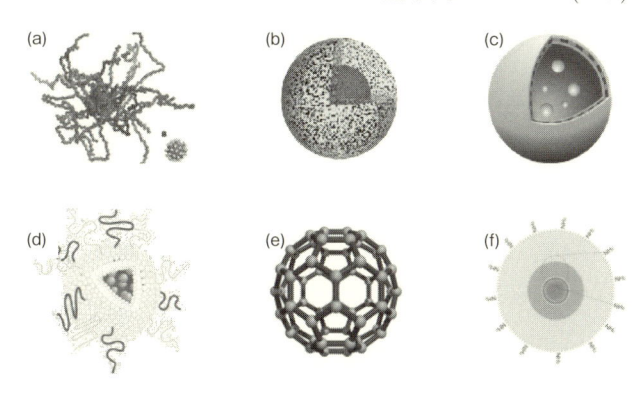

図 3.7 ナノ粒子造影剤．ナノ粒子を薬剤キャリアとして利用することで，腫瘍集積や薬剤の複合化・多機能化・高感度化が可能になる．
(a) カルボキシデキストランで被覆した酸化鉄微粒子．（画像提供：Fabian Kiessling 博士（German Cancer Research Centre））
(http://www.european-hospital.com/en/article/267-Molecular_MRI.html)
(b) 臨床試験が進むプラチナをコアとしたナノミセル．（画像提供：片岡一則博士（東京大学））
(c) 非常に長い血中滞留性を持つ PICsome．（画像提供：岸村顕広博士（東京大学））
(d) 41 ℃以上になるとポリマーが疎水化しリポソームを崩壊させる温度感受性リポソーム．（画像提供：河野健司博士（大阪府立大学））
(e) 炭素の構造体フラーレン．（画像提供：Paul Kent 博士（Oak Ridge National Laboratory））
(http://www.ornl.gov/~pk7/pictures/c60.html)
(f) 優れた蛍光特性を持つ量子ドット．（画像提供：Rumiana Bakalova 博士（放医研））

るような一部のナノ粒子が腫瘍内部に十分に到達できない場合があるという問題点も指摘されており，EPR 効果は粒径や標的となる腫瘍の血管構築や組織構造で変化することが徐々に判明してきた．また，アルブミンに抗がん剤パクリタキセルを結合させ，ナノ粒子化させたアブラキサンという薬剤は，水溶性をもち，パクリタキセル単体よりも高い抗腫瘍効果を示したことで，米国 FDA で初めての化学療法用のナノ粒子として認可された[25]．現在，多くの新規薬剤が開発中であり，複数の臨床試験が進行中である．

また，優れた分光光学特性をもつ量子ドットを腫瘍に対して標的化した

ナノキャリアもまた、イメージング技術に大きな貢献が期待できる.筆者らは量子ドットを用いて、MRIと蛍光イメージングとの複合プローブを開発・報告した（図 3.7(f)）[26].また近年,アテローム性動脈硬化症のモデルを用いて,診断・治療・非侵襲的な薬物動態イメージングなど,標的化されたナノ治療法の可能性が示された.Winterらはウサギの高脂血症モデルにおいて,インテグリンを標的とした常磁性ナノ粒子を使用し,MRIで超早期のアテローム性動脈硬化症の検出が可能であることを示した[27].また最近,片岡らは開発した抗がん特性をもつナノミセルにGd造影剤を組み込むことで,膵臓がんへの動態観察と治療評価を実施することに成功している[28].高分子材料やナノ粒子に結合したGdやMnなどの陽性造影剤は,1テスラ以下の低磁場環境では,その緩和能が大きく向上するという報告もあり,DDSによる集積と緩和能増大の両方による造影効果が期待できる[29].このように,標的化されたナノ粒子とMRI等の非侵襲的イメージング技術との組み合わせは,疾患に対する薬剤投与量の最適化や副作用の最小化,組織送達の可否や濃度推定など,生物医学研究および臨床医療に劇的な進展をもたらすと考えられる.

3.3 核医学イメージング (PET/SPECT)

3.3.1 放射線を使ったイメージング

放射線イメージングは,1896年のRöntgenによる発見以来,一世紀以上の歴史をもち,多様な発展を遂げてきた.現在,医療に使用されている方法を中心に大きく分類すると,

1) 体内に投与した放射性プローブの動態・分布を観察する方法：核医学イメージング
2) 体外から放射線を照射する方法：X線イメージング

が存在する.本節では核医学イメージングを概説し,材料がどのような未来を切り拓くか,その可能性や期待を含めて説明したい.

・核医学イメージングの特徴と種類

核医学イメージングは,微量の放射性標識プローブ（γ線や陽電子（ポジトロン）を放出する放射性同位元素 (radioisotope, RI) で薬剤や化合物を標識したもの）を生体に投与し,生体内に分布した放射性標識プローブから放出される放射線を検出することで画像を構成する.装置としては,現行ではPET装置（陽電子放出断層画像装置）（図 **3.8**）[30] およびSPECT

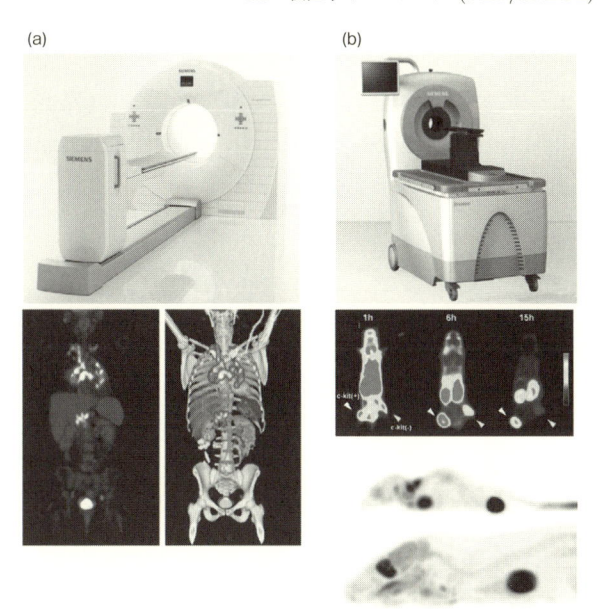

図 3.8 PET/CT 装置とイメージング.
(a) 臨床用 PET/CT 装置 (Siemens). 画像は (左) PET と (右) 三次元に再構成された CT との重ね合わせ. (画像提供:シーメンス・ジャパン)
(b) 前臨床用 PEC/CT 装置 (Siemens). 画像は (中) ^{64}Cu で標識した抗 c-kit 抗体 (Fab) による PET 画像の時間変化 (画像提供:シーメンス・ジャパン) と (下) 正常のマウスとラットによる FDG-PET.
出典:C. Yoshida, A. B. Tsuji et al.: *Nucl. Med Biol.*, **38**, 331 (2011).

装置(単光子放出断層画像装置)の 2 種類が存在する(図 **3.9**).

PET は ^{11}C, ^{13}N, ^{15}O, ^{18}F などの陽電子放出核種で標識したプローブを用いたイメージング法である.PET プローブを生体に投与すると,そのプローブの性質を反映した体内動態・分布を示す.プローブから陽電子崩壊によって陽電子が放出され,周囲の電子と衝突しながら,最終的に対消滅と呼ばれる現象を起こし,180°異なる 2 方向へ消滅放射線を同時に放出して陽電子は消滅する.この 1 対の放射線を対向する二つの検出器で同時に検出する(同時計数法)ことにより,信号の到来方向が明らかになるとともに,それ以外をノイズとして切り捨てることにより,それまでの核

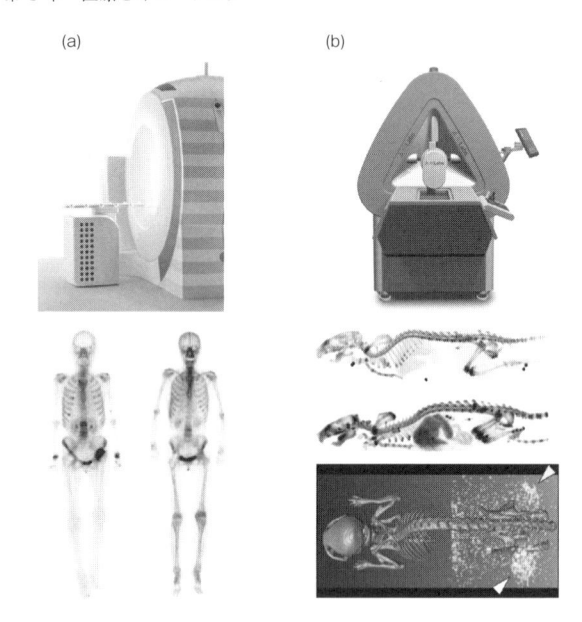

図 3.9 SPECT/CT 装置とイメージング.
(a) 臨床用 SPECT/CT 装置（Siemens）．画像は（左）ヒト・骨シンチグラフィで股関節がん転移と（右）人工股関節．（画像提供：シーメンス・ジャパン）
(b) 前臨床用 SPECT/CT 装置（MI Labs）．画像は（中）マウスとラットの骨シンチグラフィ（画像提供：日本ペット・テクノロジー・サプライズ），（下）^{111}In で標識した抗 c-kit 抗体（IgG）によるイメージング（CT との重ね合わせ）．（画像提供：犬伏正幸博士，辻厚至博士（放医研））

医学イメージングと比較して高い分解能と定量性をもつに至った．最近は PET と X 線 CT を直列に並べた PET/CT が普及し，特にがん患者の診療においては，PET で得られる機能・代謝情報と CT で得られる解剖学情報を融合した診断法が欠かせないものになってきている．

γ線イメージングでは，^{99m}Tc，^{123}I，^{111}In，^{201}Tl など，γ線を放出するプローブを生体に投与し，生体から放出されるγ線を検出する．一つの検出器（ガンマカメラ）を固定してデータ収集した場合には平面像（プラナー像）が得られるが，体の周りに検出器を回転させながらデータ収集を行うことにより断層像が得られ，現在は検出器を複数（二つ以上）有する

多検出器型の SPECT カメラが主流である．PET/CT と同様に SPECT と X 線 CT を合体した SPECT/CT も普及しつつある．以下，PET および SPECT イメージングによる臨床および最近の話題に触れ，材料がどのように貢献しうるかを考察したい．

3.3.2 PET と PET プローブ

現在臨床で使用されている PET プローブは，いわゆる PET4 核種と呼ばれる物理学的半減期の短いポジトロン核種（^{11}C：20 分，^{13}N：10 分，^{15}O：2 分，^{18}F：110 分）で標識した低分子量プローブが主体である．特に，炭素，窒素，酸素はほとんどの化合物に含有される基本元素であり，化合物の性質を変えることなくそのまま放射性標識することができるために，PET による代謝や血流・生理機能の評価が容易に行えるという利点がある．例えば，酸素ガス（^{15}O$_2$）は脳酸素代謝率の測定に，一酸化炭素ガス（C^{15}O）や水（H$_2^{15}$O）は脳や心筋血流量の測定に，アンモニア（^{13}NH$_3$）は心筋血流量の評価に用いられてきた．

がん細胞における糖代謝亢進は古くから知られていたが，現在では ^{18}F で標識したグルコース類似体（^{18}F-fluoro-2-deoxy glucose, ^{18}F-FDG）を用いたがんの PET 診断が広く臨床に用いられ（図 **3.10**），わが国においても，2002 年 4 月の保険認可，2010 年 4 月の適用拡大を経て，現在ではがんの診療に欠かせない診断法となっている．現在，がんの PET 診断薬

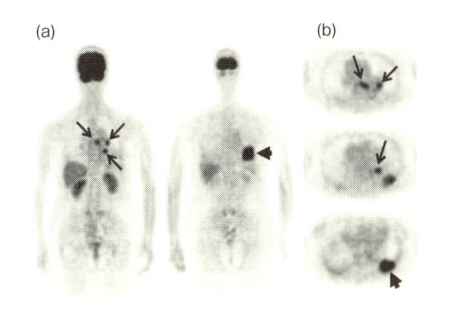

図 **3.10** PET の臨床応用（がん診断）．
肺がん症例の FDG-PET．(a) 冠状断層像，(b) 横断断層像．原発巣（矢頭）とリンパ節転移（矢印）が明瞭に描出されている．正常脳組織への生理的集積が強い．

として保険認可されているものは ^{18}F-FDG のみであるが，^{18}F-FDG 以外にも様々な PET プローブが開発されその有用性が評価されている．がん細胞の活発なアミノ酸輸送・タンパク合成を診断するプローブとして，アミノ酸のメチオニンを ^{11}C で標識した ^{11}C-メチオニン (^{11}C-Met) がある．特に，正常脳組織は糖代謝が活発なために，^{18}F-FDG の脳組織への高い集積が ^{18}F-FDG-PET による脳腫瘍の評価の妨げになっていたが，正常脳組織への集積性が比較的低い ^{11}C-Met が脳腫瘍の診断に有用とされている．また近年，がん細胞の活発な増殖能（細胞分裂）を捉えるプローブとして，^{18}F で標識したチミジン誘導体（^{18}F-フルオロチミジン：^{18}F-FLT）が開発され，細胞増殖の PET イメージング剤として注目を集め，がんの悪性度評価，治療効果・予後予測への応用が期待されている．がん組織内の低酸素領域は，放射線治療や抗がん剤治療に抵抗性があることは古くから知られてきたが，低酸素領域をイメージングする PET プローブ（^{18}F-フルオロミソニダゾール：^{18}F-FMISO など）も開発され，その臨床的有用性が検討されている．

また，PET は脳機能解析や精神神経疾患の診断に対しても幅広い適用範囲がある．歴史的には ^{15}O で標識した水を用いた脳血流解析に始まり，FDG などを用いた糖代謝の解析が行われた．脳内の神経伝達は精神神経疾患など様々な脳の病態に関わっており，ドーパミンやセロトニンなどの脳内の神経伝達を評価する PET プローブも数多く開発され，病態評価に応用されている（図 **3.11**）．

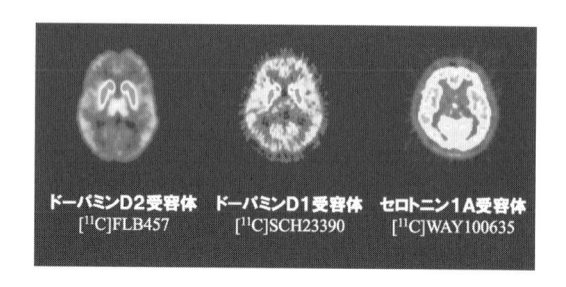

図 **3.11** PET の臨床応用（精神・神経科学分野）．
　　　　頭部冠状断像によるドーパミン D2, D1 およびセロトニン 1A 受容体のマッピング．（画像提供：須原哲也博士（放医研））

3.3.3 ハードウェア開発と複合化

臨床用 PET は臨床用 SPECT と比較して高い空間分解能 (3.5〜5.0 mm) を実現し、近年、γ線を検出する蛍光体結晶を層状に配置することで深さ方向の情報を検出する技術が開発され、さらなる空間分解能の向上が研究されている。その際、ナノ粒子を使った DDS 技術は腫瘍の細部構造を特徴付けるための役割を演じる可能性がある。PET では通常、解剖学的な情報を別途取得し、重ね合わせて診断する必要があり、CT と組み合わせた PET/CT 装置が広く普及してきた。最近、陽電子を検出するシンチレーターに、磁場の影響を受けない半導体素子の開発が進んだ結果、軟部組織のコントラストに優れた MRI と組み合わせた PET/MRI の臨床装置が実用化され、初めて商用機として登場するなど、複合装置に注目が集まっている。現時点においては PET と MRI を同時に計測する必然性は高くなく、別々に撮像して診断時に重ね合わせれば事足りるという消極的な意見もある。PET と MRI を同時に計測することが医学的な意義をもたらすか否か、その鍵は材料学が握っている。例えば、複合プローブやカクテルプローブの開発により、PET の高感度性や定量性、および MRI の高分解能性や機能画像の両者を同時に享受するメリットが明確になった時、PET/MRI は医療に新しい価値をもたらすと考えられる。

3.3.4 SPECT と SPECT プローブ

SPECT は、がんの骨転移を見るための骨シンチグラフィ、脳や心臓の筋の血流を観察する脳血流あるいは心筋シンチグラフィを中心に、現在も多くの疾患診断に使用されている。ガンマカメラ・SPECT 検査は国内では約 1100 の医療機関で実施されており、PET が普及した現在でも、検査施設数、ガンマカメラ・SPECT 機の台数ともに PET 検査施設数、PET 機の台数をはるかに上回っており、ガンマカメラ・SPECT の重要性は依然として高いものがある。その中で最もよく使用されるのは ^{99m}Tc(テクネシウム)という放射性核種である。^{99}Mo/^{99m}Tc ジェネレーターから抽出された ^{99m}Tc は、^{99m}TcO$_4^-$ という一価の陰イオンで、この状態では甲状腺・唾液腺などに集積する。また、数多くの ^{99m}Tc 標識化合物が作成され臨床で使用されている。例えば、骨検査には ^{99m}Tc-リン酸製剤が、脳血流の検査には血液脳関門の透過性をもたせた ^{99m}Tc-HMPAO または ^{99m}Tc-ECD

が，心筋シンチグラフィには ^{99m}Tc-MIBI などがよく使われ，その他，肝臓，腎臓，センチネルリンパ節など多様な臓器・病態の評価に応用されている．

^{99m}Tc 以外の核種として古典的には ^{131}I（ヨウ素）が使用されてきたが，半減期が 8 日と長く，γ 線に加えて β 線を同時に放出し，患者被ばくの増大と画質の低下が生じるため，近年では γ 線のみを放出し，半減期が 13 時間と短い ^{123}I が用いられている．脳血流の評価に ^{123}I-IMP，心筋の脂肪酸代謝の評価に ^{123}I-BMIPP など複数の製剤が開発されている．その他，^{201}TlCl（塩化タリウム）が心筋血流や腫瘍の評価に，^{67}Ga-citrate（クエン酸ガリウム）が，がんや炎症のマーカーとして使用される他，^{81m}Kr（クリプトン）や ^{133}Xe（キセノン）などのガスを使用した肺換気検査も行われている．

SPECT は PET と比較して空間分解能や定量性に劣るが，PET に比べて長い半減期の核種を利用できることから，プローブの動態の長時間追跡が可能である．また，小動物装置においてはピンホールコリメーターを用いることにより，視野中心付近で 0.7〜2.0 mm 程度と高い空間分解能を達成することが可能である．医療施設として 1000 台を超える普及ベースは臨床への波及性が高いことを示し，今後，材料学を応用した適用範囲の拡大が期待される．

現在，PET/SPECT に用いられている放射性標識プローブは，体内動態の早い低分子量のものがほとんどであり，DDS に用いられている高分子量で血中滞留性の長い化合物とは一線を画しているが，γ 線やポジトロンを放出する診断用の放射性同位元素を標的組織に運搬するという意味では，DDS の一つとしても考えられる．さらに，運搬する放射性同位元素を診断用のものから，β 線や α 線といった細胞傷害性の放射性同位元素に変えることにより，治療用の DDS に変換することが可能で，これは RI 内用療法（内照射療法）と呼ばれている．通常の放射線治療（外部照射治療）は，画像診断等で局在の明らかな病巣に対しては非常に有効な治療法であるが，RI 内用療法では投与された治療用プローブが全身に分布し，その後標的部位に局在することから，画像診断等で検出されない微小な転移巣も含め，全身に散布した病変にも効果が期待できるという利点がある．RI 内

包カプセルの経口投与や RI またはその標識体の静脈内投与のみで終了する非常に侵襲性の低い治療法でもある.

内用療法としてわが国でも長い歴史を有するのが, 放射性ヨード (^{131}I) を用いた甲状腺機能亢進症 (バセドウ病) および甲状腺がんの治療である. この場合, ^{131}I 自体に甲状腺に集積する性質があり, 運搬用のプローブの役目も ^{131}I が担っている. さらに, 前述のように ^{131}I は β 線に加え γ 線も放出することから, 治療時に ^{131}I の分布をイメージングで確認することも可能である. 近年は β 線のみを放出するストロンチウム (^{89}Sr) を用いた骨転移の疼痛緩和療法も行われている. ストロンチウムはカルシウムと同様の動態を示し, 造骨の亢進した部位に集積することから, 骨シンチグラフィで陽性所見を呈する骨転移に伴う疼痛の緩和に有効とされている.

がん細胞に発現する様々な分子標的の検出のために, これらに特異的に結合する抗体の応用が試みられている. 放射性標識抗体を用いた PET/SPECT イメージングにおいては, 分子量 15 万の抗体 (IgG) の遅い体内動態を考慮する必要がある. イメージングにおいては, 標的 (がん) に集積した放射能量とバックグラウンドとの比を十分に高めてやる必要があるが, 血中クリアランスの遅い抗体においては, 至適な比は投与後かなり後期にならないと得られない. したがって, 抗体を標識する際には, イメージングまでの待ち時間に見合った物理学的半減期を有する放射性核種での標識が必須となる. また, 動態を早くする目的で, 抗体の低分子量化 (抗体分画 (Fab など) の作成, 遺伝子工学技術を用いた scFv や Diabody 等の作成) も行われている. 現在, 抗体 (IgG) や Fab などを用いた PET イメージングに使用されているポジトロン放出核種として, ^{124}I (半減期:4.2 日), ^{89}Zr (半減期:78.4 時間), ^{64}Cu (半減期:12.7 時間) などがある. 放射性標識抗体は動態が遅いという欠点を有するが, 標的に対する結合親和性の高い抗体を用いることにより, 標的 (がん) に高い集積性と長期間の滞留が期待でき, 放射性標識抗体を用いた RI 内用療法も期待され, 放射免疫療法 (radioimmunotherapy, RIT) と呼ばれている. 抗体の標識に用いられる核種としては, 上述の ^{131}I に加え, ^{90}Y, ^{177}Lu などの β 線放出核種があり, 同時に γ 線も放出する ^{131}I や ^{177}Lu ではイメージングも可能である. 高エネルギーの β 線では一定の範囲に治療効果が及ぶことから, 近傍の抗体が結合していないがん細胞にも治療効果が期待できる (クロスファ

イアー効果).また,現在注目されている分子標的治療薬においては,がん細胞の増殖や生存に複数の標的が関与している場合に,その中の単一の標的を抑制するだけでは効果を発揮できない場合も考えられるが,RIT においては,治療効果は β 線の細胞殺傷効果によるために,標的の機能に依存せず治療効果が期待できる.

現在,わが国で保険適用となっている放射性標識抗体を用いたがん治療法は ^{90}Y 標識抗 CD20 抗体を用いた悪性リンパ腫の治療であり,1 回の放射性標識抗体の投与により良好な治療効果が得られている.また,治療患者の選択の際に,^{111}In 標識抗 CD20 抗体を用いた SPECT イメージングが用いられており,今後は放射性標識抗体のイメージング・治療双方への応用に向けた研究の進捗が期待される.

3.3.5 材料に対する期待と要望

他の生体イメージングモダリティとの比較において,PET の特徴は特定のプローブに対する高い検出感度と対消滅の同時計数法がもたらす定量性である.近年,その高感度である特徴を生かし,医薬品開発における新しい手法として PET による「マイクロドージング法」が注目され,実用化に向けた取り組みが加速している.これは極微量 (micro dose) の薬剤候補物質を人体に投与して,高感度な微量分析法により薬物動態などを解析する方法であり,PET を用いる場合は,新規に開発された薬剤の一部を,陽電子を放出する放射性同位体に置き換え,これを生体にごく微量を投与し,どの臓器に分布するかを定量的に観察する.これにより薬剤が生体において予測された動態や代謝排泄を示すかどうかを評価するとともに,その分布から出現する可能性がある毒性を予想でき,数多い候補薬剤から有望な物質を迅速かつ低コストで絞り込むことが可能であると期待される.薬剤や材料の中には,投与量が多い場合と少ない場合で肝臓や腎臓での代謝が変化し,異なった動態を示す場合もあるが,PET によるマイクロドージング手法は,薬剤開発だけでなく材料学の研究および新規生体材料の開発や評価に有用な手法となり得る.

材料研究や開発において PET を使用する際に,解決や工夫が必要な問題点をいくつか挙げたい.まず,陽電子を放出する新規の PET 薬剤を合成するための施設が少なく,そのアクセスや利用が簡便でない点である.臨床で多く使用される FDG など特定の核種に関しては,医療機関が小型の

サイクロトロンを保有する場合も多く,また商業的な配送サービス(デリバリー)でも入手可能であるが,新規薬剤や材料の標識に必要な特殊な核種は中型～大型のサイクロトロン施設が必要であり,一定のスケジュールが組まれて運用されるため,入手可能な頻度が強く制限される場合がある.

また,材料や化合物に対して放射線核種を用いて標識する場合,半減期と被ばくという二つの考慮すべき因子がある.放射能の減衰はサイクロトロンで放射線核種が生成されてから始まるため,材料や化合物を標識する際には短時間の合成過程で生体に投与される必要があり,複雑あるいは長時間の合成過程を経るものは使用が難しい.また,合成過程での作業者への被ばくについても考慮する必要があり,完全に自動化された工程を遮蔽された空間内で実施することが理想的である.近年では,自動合成装置の発展により適用核種が拡大し,かなり複雑な工程の自動化に対応しているが,研究段階では一定の手作業が入ることは避けられないため,短時間かつ単純な作業により合成が完了するように実験系を工夫する必要がある.

PETは,とりわけ各臓器での薬剤集積量を定量的かつ包括的に観察できる点において,他のモダリティの追従を許さない魅力があり,今後,前臨床および臨床での材料開発や研究での使用が期待される.また,汎用性が高いSPECT核種は材料学との組み合わせが容易であり,前臨床研究においてはPETよりも高い空間分解能が得られる利点からも今後の展開が期待できる.

3.4　X線,X線CT

X線は1895年にRöntgenが発見した電磁波であり,生体イメージングとしては最も古くから応用され,現在なお臨床で多用されている.その波長は紫外線よりも短く,高いエネルギーと物質透過性をもつ.X線画像(単純X線)はX線が物質を透過する際に吸収と散乱によって生じる減衰の差を記録したものである(図**3.12**(a)).また,X線透視法といわれる動画撮影法が胃の検査や脳血管の検査に使用されている.

X線をビーム上にして多方向から照射し,その投影から断層像を得るコンピュータ断層撮影(CT)装置が1971年に初めて英国の病院に納品されて以降,全世界に広く普及し,わが国では約12000台が稼働している(図3.12(b)).本節ではX線を使用した撮影法と特徴を概説し,材料学からのアプローチの可能性に言及したい.

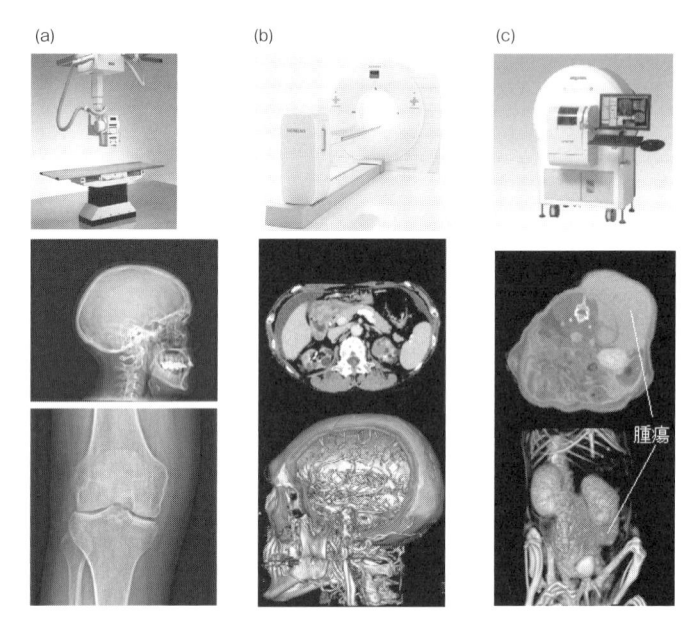

図 3.12 X 線を用いたイメージングと装置.
(a) 臨床用単純 X 線画像装置（Siemens）．画像は（中）ヒト頭部,（下）膝関節部の X 線画像．（画像提供：シーメンス・ジャパン）
(b) 臨床用 X 線 CT 装置（Siemens）．画像は（中）ヒト体幹部の CT 像,（下）ヒト頭頚部の骨と血管造影．（画像提供：シーメンス・ジャパン）
(c) 前臨床用 X 線 CT 装置（リガク）．画像はマウス皮下腫瘍モデル（中：冠状断，下：3 次元再構成）．（画像提供：宮原信幸博士・大町康博士（放医研））

(1) 単純 X 線画像

　X 線は陰極の真空管である X 線管に電圧をかけて発生させる．PET などの核医学的な手法と比べると，電離放射線の放出を容易に ON/OFF することが可能であり，管理が容易である．X 線の吸収は原子番号，密度，厚みに依存し，フィルムを使用する場合は X 線をより多く吸収する骨は感光量が低くなり白く描出される．フィルム単体でも X 線によって感光されるが，フィルムスクリーン法では X 線が当たると蛍光を発する蛍光増感紙にフィルムを挟んだ物が開発され，X 線被ばくを低減し撮影時間を短縮している．デジタル撮影法では照射された X 線を X 線検出器で受けデジタ

ル変換する．X線検出器においては材料学の技術が応用されている．例えば，イメージングプレートは高分子の支持体に輝尽発光体という物質が塗布され，生体を通過したX線を受けると電子を捕獲することで「記憶」され，その後，特定の波長のレーザー光を受けると，電子が捕獲された場所で強い蛍光を発する．この蛍光をデジタル変換することで，従来のX線フィルムよりも高感度でX線量によく比例し，また自然界からの放射線の影響を受けにくい撮影が可能である．X線検出器には，イメージングプレートの他に蛍光倍増管やフラットパネルディテクターなどがある．

(2) X線透視

光電子増倍管 (PMT) は，光電効果を利用して光エネルギーを電気エネルギーに変換する光電管に，電子（電流）を増幅する機能を付加した検出器である．X線が蛍光板に当たると可視光を発するが，その可視光を光電子増倍管で増幅することで，テレビ信号として動画像を得ることができる．蛍光板と光電子増倍管を組み合わせて，蛍光倍増管ともいわれる．胃透視と呼ばれる上部消化管病変の検出に使用される他，脳血管造影 (angiography) にも使用され，造影剤投与前後の画像を差分することで脳血管を明瞭に描出することが可能である．

(3) コンピュータ断層撮影 (CT)

X線CTは，患者を中心に扇状のX線ビームを回転させながら照射し，数百〜800個程度の素子から構成される検出器によって対象を透過するX線強度を計測，画像再構成によって断層像を作成する（図3.12 (b)）．X線の断層画像法へ応用する取り組みは，1930年代にイタリア人医師 Vallebona が体にフィルムを巻き付けるという手法により初の断層画像の概念を示し，また，米国UCLAの Oldendorf は1959年に，X線をビーム状に照射しスキャンする原理を提示したことに始まる．実用化したのはEMI中央研究所の Hounsfield であり，1967年に発表した原理に基づき製作，1971年に初めて英国で臨床応用が始まった．また，米国 Cormack も独自に実用化に成功し，Hounsfield とともに1979年のノーベル生理学・医学賞を受賞するなど科学の歴史に大きな足跡を残した．

MRIが普及した後もCTは幅広く臨床で使用されており，いくつかの優れた特徴がある．一つは，スキャン時間が短く容易に撮像できる点であり，

救急医療など一刻を争う状況での診断には欠くことができない．また，各組織における吸収値が決まっており（Hounsfield unit: HU．水を 0，空気を -1000 とする），線形性の高い安定した画像が容易に得られる．

従来の方式はベッドを移動させながら順次スライス数を増やすという方法であったが，螺旋式に連続スキャンするヘリカルまたはスパイラルスキャンが登場し高速化した．また，1998 年頃には検出器を体軸方向に多列化する方式（multi-detector row CT, MDCT または multi-slice CT）によって 1 回転で多数の断層像を得られるようになり，飛躍的に計測時間が短縮するとともに，広範囲の撮像が可能となった．2012 年現在では，0.5 mm の検出器を 320 列並べることで 16 cm の範囲を 1 回の照射と回転（最短 0.35 秒）により撮像可能な MDCT が臨床に応用されており，体幹部をほぼカバーする 60 cm 幅が 4 秒弱で終了するなど，極めて迅速な撮像が可能である．MDCT を中心とする高速化と高空間分解能の実現により，三次元再構成による血管壁の評価（仮想内視鏡）や心臓の機能評価など新しい適用分野を生み出した．また，dual-energy CT (DECT) と呼ばれる複数のエネルギー弁別が可能な装置も開発されつつあり，今後，後述の造影剤の併用を含めて，より機能性の高いイメージングへと適用分野を拡大することが予想される．材料学は，高度に発展してきた MDCT や DECT に，さらなる機能イメージングを付加するという点で貢献しうるだろう．すなわち，心筋の循環を明瞭に評価する造影剤や，CT が苦手とする軟部組織に対して病巣特異的なコントラストをもたらす造影剤の開発が期待される．

他のモダリティと比較した場合，CT は MRI よりも撮像時間が短く，体動の影響を受けにくいなどの特徴がある反面，軟部組織のコントラストが低く，機能イメージングにおいては未だ選択肢が少ない．最大の相違点は放射線被ばくの有無である．東日本大震災による原発事故以来，国民の放射線被ばくに対する関心は極めて高くなり，医療被ばくに対してもより注意深くなっている．従来型の CT では 6.9 mSv，MDCT を用いた体幹部検査では 10〜20 mSv を超える照射が行われている．これは年間の暫定規制値の 5 mSv をも上回る数値であり，とりわけ子供に対する使用について不安に感じる親は多い．医療における放射線利用は使用するリスクと病気を発見する利益を同時に勘案する必要があり，医師は患者利益を最優先して判断することになるが，低リスクを希望する患者が増加する傾向は避けられない．今後の技術発展の方向性として，画質向上や高速化という従来

の方向とは異なり，低被ばく化という方向に変化する可能性が高いと思われる．材料学の技術は検出器の改良や高濃度に集積する造影剤など，放射線の照射量を低減した時に発生する画質の低減を回避する方法の開発，あるいは照射に対する防護薬の開発に貢献できるかもしれない．

(4) X線造影剤

軟部組織などで十分なコントラストが得られない場合，X線造影剤を使用する場合があり，多くはX線透視やCTと組み合わせて使用される．陽性と陰性造影剤が存在し，前者は消化管に用いられる経口造影剤の硫酸バリウムや血管造影に使用されるヨード造影剤など，原子番号と密度が高く，より多くX線を吸収することで「白く」造影される．陰性造影剤は空気や炭酸ガスなどによりX線吸収が低下し「黒く」造影されるもので，気体を満たすことで消化管を拡張し，陽性造影剤のコントラストを高める目的で使用される．

陽性造影剤として，ヨード造影剤は尿路や血管造影を中心に数多くの種類が開発された．歴史的には，モノヨード造影剤といわれる構造内に一つのヨードをもつ造影剤から始まり，その後，ピリドン環に二つのヨードをもつジヨード造影剤，またベンゼン環に三つのヨードを結合させて水溶性を高めたトリヨード造影剤に至り，現在でも使用されている．しかし，ベンゼン環に塩基や側鎖を結合して単純に水溶性を高めた場合，造影剤は血中でイオン化し高浸透圧となることで，イオン毒性，浸透圧毒性，化学毒性などによる様々な副作用（ショック，アナフィラキシー，腎不全，間質性肺炎，発疹など）が生じる危険性が高く，また腎・肝・心臓に障害をもつ患者に投与することが困難である．1970年代後半から80年代にかけて，ベンゼン環を親水基で覆うことにより，水溶性ながらイオン化を防ぎ，浸透圧が高くない非イオン性ヨード造影剤が開発され，単一のベンゼン環をもつモノマー型と二つを有するダイマー型の両方が現在，臨床で使用されている．

造影剤の投与後にCTの撮像を行う造影CTでは，多くの場合，非イオン性のヨード造影剤が使用され，目的によって静脈・動脈（血管造影），経口（消化管や膵臓病変の検出），あるいは髄腔内（脊髄病変）に投与された後，信号変化を観察する．経静脈投与で使用されることが大半であり，動脈瘤や血管奇形の検出の他，軟部組織でのコントラストを高めることで腫瘍

の検出に使用される．急速静注後に連側撮像を行うダイナミック CT という手法で動的に血行動態を観察し，腫瘍や血管病変を診断する方法もある．

非イオン化ヨード造影剤で大きく改善されたとはいえ，X 線用造影剤は MRI や核医学など他のモダリティの造影剤と比較すると，投与量が多く，副作用の出現率が高い．また，臨床用造影剤の開発は 1980 年代半ばで一定の副作用の低減を達成した後，停滞しており，今後，材料学が X 線造影剤のさらなる安全性の向上だけでなく，病巣への標的化，より多様な機能性の付加など，期待される点は多いと考えられる．最近，前臨床用のナノ粒子 CT 造影剤として，副作用が小さく，造影時間が極めて長い試薬が登場するなど，新たな発展が始まっている（Exi Tron nano® シリーズ，ミルテニーバイオテック）．

3.5 光イメージング

光イメージングは主に蛍光イメージングと発光イメージングに分類され，近年，プローブと計測手法の両面において急激な発展を遂げた．蛍光においては，GFP を始めとする多様な有機色素，あるいは強い蛍光強度をもつ量子ドットなどの微粒子の開発と，それらを用いた様々な標的性や特性をもつ多様なプローブが現在の生物医学全体を牽引し，生体外における病理組織の解析から生体内における非侵襲生体イメージングまで，多くの研究分野で必須の手法となっている．また，小動物を対象とした前臨床での断層画像法，内視鏡による臨床応用など，極めて有望な将来性をもつ．しかしながら，断層イメージングという観点からは未だ十分には実用化に至っておらず，医療応用に関しても普及しているとは言い難いため，本稿では *in vivo* での蛍光・発光イメージングの概要を簡潔にまとめ，詳細は成書に譲りたい．

3.5.1 生体 (*in vivo*) 蛍光イメージングとプローブ

蛍光物質に紫外線や青〜緑色など励起光と呼ばれる波長のやや短い光（電磁波）を照射すると，そのエネルギーを吸収することで電子が基底状態から励起状態に遷移し，その後電子が吸収したエネルギーをやや長い波長の光（蛍光）として放出し，基底状態に戻るという現象が生じる．吸収フィルターなどにより，目的とする蛍光の波長のみを透過させ，高感度な受光素子によりイメージングする（図 **3.13**(a)）．

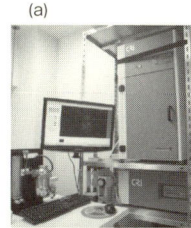

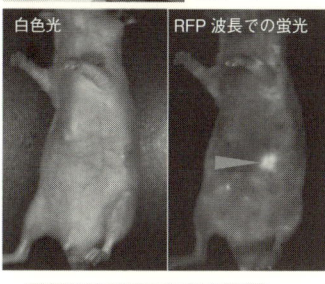

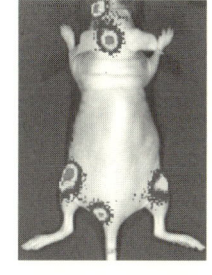

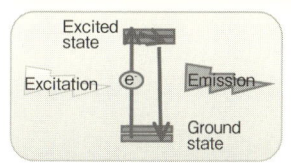

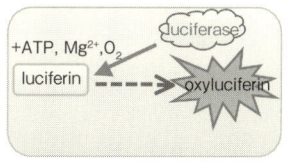

図 3.13 生体光イメージング装置と蛍光・発光・吸収イメージング.
(a) 前臨床用・生体蛍光イメージング装置．中段は赤色の蛍光タンパク (RFP) が発現した膵臓がんを同所移植したモデルを白色光 (左) と蛍光 (右) で撮像．(画像提供：U Winn Aung 博士 (放医研))
(b) 前臨床用・生体発光 (蛍光) イメージング装置．中段は発光イメージングを白色光に重ね合わせた画像．(画像提供：U Winn Aung 博士 (放医研))

(口絵 4 参照)

生体での蛍光イメージングでは，励起光や蛍光が深さをもつ生体組織を透過する必要がある．組織切片に使用する蛍光顕微鏡では，近紫外線 (UV 励起・334 や 365 nm など) や青色光 (B 励起・405/435/490 nm など)・緑色光 (G 励起・546 nm など) がよく使用されるのに対して，生体では近紫外線や青緑色光は組織中で大きく減衰するため，皮下や粘膜のごく表層を観察する場合に限定される．また，生体中には内因性の蛍光物質が存在するため，自家蛍光と呼ばれる背景信号となる．そのため組織透過性が

高く，自家蛍光と重ならない周波数の選択が必要となり，結果的に深部では 600 nm 以上の近赤外光を励起・検出波長の両方で選択する必要がある．ただし，皮下移植腫瘍の観察や蛍光内視鏡を用いた場合は，近赤外光に限定する必要はない．

使用される蛍光物質は，大きく分類して蛍光色素（蛍光化合物），蛍光タンパク，蛍光ナノ粒子がある．蛍光色素は通常，標的に結合する分子と組み合わせて使用されることが多く，数多くのプローブが作成されてきた．生体蛍光イメージングで使用される近赤外では，シアニン色素である Cy5（励起波長: 650 nm，蛍光: 667 nm）や Cy5.5（励起波長: 675 nm，蛍光: 694 nm）等がよく使用される．また最近では，特定の生体環境に応答して蛍光が生じたり，逆に消光したりする「activatable probe」と呼ばれる蛍光色素が注目されており，例えば酵素[31]や pH など環境に応答するセンサーとして機能し，病巣と背景信号とのコントラストを劇的に高めるなど多様な発展を見せている．臨床適用の観点からは，現在，米国食品医薬品局に認可されている蛍光色素はインドシアニングリーン (ICG) のみである．ICG は眼底検査などに臨床で使用されており，励起波長が 785 nm，蛍光波長のピークが 845 nm で，近赤外領域での蛍光イメージングとして臨床応用への具体的な取り組みが加速している．今後，前述の activatable probe 化やより集積性を高める標的化技術と組み合わせ，近い将来での臨床応用が期待できる．

蛍光タンパクは 1960 年代に下村修博士らによってオワンクラゲから発見された GFP (green fluorescent protein) に始まり（2008 年ノーベル化学賞），ウミシイタケからレニラ GFP (rGFP)，六放サンゴ類から DsRed を始めとする赤色蛍光タンパクが発見・単離された．蛍光タンパクは，特定遺伝子の翻訳産物が自己完結的に蛍光団を形成するタンパク質である．生体イメージングとしては，全身に GFP を発現させたマウスを始め，最近では小型霊長類であるマーモセットにも応用され[32]，生物の発生や器官形成あるいは移植・再生医療へと応用が期待されている．また，蛍光タンパクを発現させた腫瘍細胞は，腫瘍細胞の生体内追跡や治療効果を評価するための標準的な手法になりつつあり，前述の生体内蛍光イメージングと組織切片による蛍光顕微鏡（共焦点や多光子顕微鏡など）の両方で利用することができる．

蛍光ナノ粒子として代表的なものは，半導体技術から派生した微粒子で

ある量子ドット (quantum dot) である．前述の GFP などの有機蛍光色素と比較して 100 倍近い蛍光強度を示し，圧倒的な量子効率による明るい蛍光を発する．また，粒径を変えることで蛍光波長を自在に設定でき，狭い波長の蛍光のみを発するため，同時に多数の蛍光を観察するマルチカラーでのイメージングに有利である．加えて，励起を繰り返すことにより蛍光特性を失う「退色」が生じないなど，蛍光物質としては理想的な特性を示す．量子ドットではカドミウム等の毒性が指摘される金属が使用されており，最近，カドミウムを使用しない量子ドットも報告されているが，臨床応用の観点からはハードルが高い．量子ドットは材料学から誕生した技術といってよく，生体外では一分子イメージングともいわれる 1 分子の抗原を認識する技術などに応用されており，蛍光特性におけるその優位性は明確である．今後，低毒性化や排出の担保，標的技術の高精度化など，より生体への親和性を高めるための多くの改善・発展が求められる．

3.5.2　三次元断層イメージングへの応用

マウスは近赤外光をある程度透過することから，断層イメージングを得るための開発が続いている．マウスを中心に鏡を回転させ，8 方向から順に励起光源を照射し，受光する光の位相変化から形状や深さ方向の情報を同定する装置が開発・販売された時期があり，また励起光源を複数の角度から照射することで多方向の同時計測を可能とした装置も存在する．現在では，レーザーによる局所励起と透過光（組織吸収）の情報から深さ方向を算出することで三次元的なマッピングを行う方法（3D diffuse fluorescence tomography あるいは fluorescence molecular tomography）が中心である．しかし，組織での蛍光の吸収や散乱の発生は避けられないため，断層イメージングとしてはハードウェアや解析技術のさらなる発展が必要である．また，臨床用応用の観点からは，蛍光や発光による断層イメージングは困難と考えられるため，部位に近接可能な内視鏡（消化管，気管，腹腔など）や術中での応用が現実的な適用となり，CT や MRI など他の断層イメージング法との重ね合わせや効果的な併用も期待される．その際には複数の手法で検出可能な複合プローブの開発や，より特性の高い集積や蛍光提示を行うプローブの開発が重要になると考えられる．

3.5.3 生体 (*in vivo*) 発光イメージングとプローブ

ホタルなどの生物は，ルシフェラーゼと呼ばれる酵素によってルシフェリンと総称される物質を酸化させて自ら発光する．計測装置としては，その発光を高感度な受光素子で受けるという比較的単純なものであり，生体蛍光イメージングと同一の筐体で実施できる装置が多い（図 3.13(b)）．蛍光と比較して励起光を必要とせず，背景信号が極めて小さいことや，細胞が発光している場合は，細胞数と発光量が比例関係となることがある．ルシフェラーゼの発光波長は，その構造や pH によって左右される．生体イメージングに応用する際，組織を透過しやすい近赤外を選択する必要があることは蛍光イメージングと同様で，ホタルルシフェラーゼの場合，発光波長の中心は 562 nm で黄緑色を示すが，600 nm 以上の波長も含まれているため，マウスなどの小動物では生体を透過し観察可能である．現在，より生体透過性の高い波長で発光する手法が研究・開発されている．

生物応用としては，目的とする細胞にルシフェラーゼ遺伝子を導入し，その遺伝子が発現して生成されたルシフェラーゼに対して，外来的にルシフェリンを投与し反応させることで，発光した部位を観察するという手法がよく用いられる．これは特定の遺伝子発現を生体外から観察可能であることを意味し，ルシフェラーゼ遺伝子を導入した多様な細胞株が市販される他，遺伝子発現に関連する研究手法として活発に使用されている．

3.5.4 近赤外光イメージング（近赤外線分光法，吸収イメージング）

近赤外線分光法 (near-infrared spectroscopy, NIRS) は，測定対象に近赤外線を照射し，吸収された吸光度の変化によって成分を算出する方法であり，生物医学に加えて，天文学，食品や農業分野での成分分析など幅広く利用される．近赤外線は皮膚や骨をある程度透過することは前述したが，加えて，赤血球中のヘモグロビンや筋中のミオグロビンは，酸素と結合した時としない時とで近赤外領域での吸光特性が異なるという性質があり，この特性を生かして，血中の酸素飽和度を計測することが可能であり，臨床でもパルスオキシメーター® として活用されている．また，多チャンネル化によりマッピングが可能となり，頭皮に多数の光ファイバーを配し，脳活動による酸素化および還元ヘモグロビン，これらの合計である総ヘモグロビン（ほぼ血流量に等しい）を反映する近赤外光の散乱を観察すること

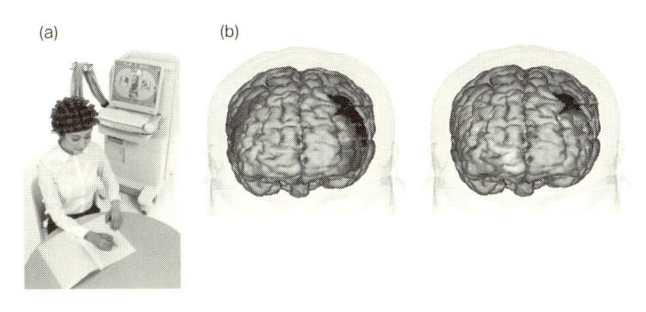

図 3.14 生体光イメージング装置と蛍光・発光・吸収イメージング.
(a) ヒト用・近赤外光イメージング（吸収イメージング）装置（日立メディコ）.
(b) 脳活動の計測のマッピング.（画像提供：堀弘明博士（国立精神・神経医療研究センター））.

出典：H. Hori, Y. Ozeki et al.: *Prog. Neuropsychopharmacol. Biol. Psychiatry.* **12**,1944 (2008).

で，脳機能を評価する近赤外光イメージングが開発された[33]（図 3.14，近赤外光脳機能イメージング，光トポグラフィー® などとも呼ばれる）.

近赤外光イメージングは，2002 年に言語機能の診断やてんかん焦点の同定の検査に対する保険適用が認められ，2009 年にうつ症状の鑑別診断補助として先進医療として承認されるなど，臨床での使用が始まっており，また乳がん診断への応用も期待されている．MRI や PET と比較すると，断層ではなく表面を対象としたマッピングとなり，空間分解能が 2 cm 程度と低いが，一方で，対象を拘束することなく長時間かつリアルタイムでの計測が可能であること，装置が小型で比較的安価であることなどが特徴である．また，最近では脳表に近い領域において，位相変調情報による定量化や断層イメージングへのアプローチが報告されている．近赤外光イメージングでは内因性のヘモグロビン等を対象とするため，造影剤を用いないことが一般的であるが，例えば前臨床での研究や乳がんの診断を実施する場合には，より近赤外の吸収を変化させる新規材料が登場することは，革新に繋がる可能性があると考えられる．

3.6 超音波イメージング

超音波とは可聴域の周波数である 20 kHz を超える音波であり，医療だけでなく，魚群探知，非破壊検査，加湿器など多くの分野で利用されている．

医療における超音波診断装置は，超音波を生体内に向けて発信し，生体組織の境界面で音響的性質が異なることから発生する反射波（エコー）を分析して画像化したものである（図 3.15）．臨床における生体イメージング装置としては，最も広く普及し，小型で簡便かつ安全でコストも低い．また，リアルタイムの断層検査が可能で，空間分解能も 1〜2 mm 程度と高く，組織の境界面の識別に有利であり，三次元の再構成も可能である．さらに，心臓の壁運動を観察することによる機能検査，組織弾性，血流，仮想血管内視鏡など多様な機能情報をもたらす手法が開発され，他の検査と

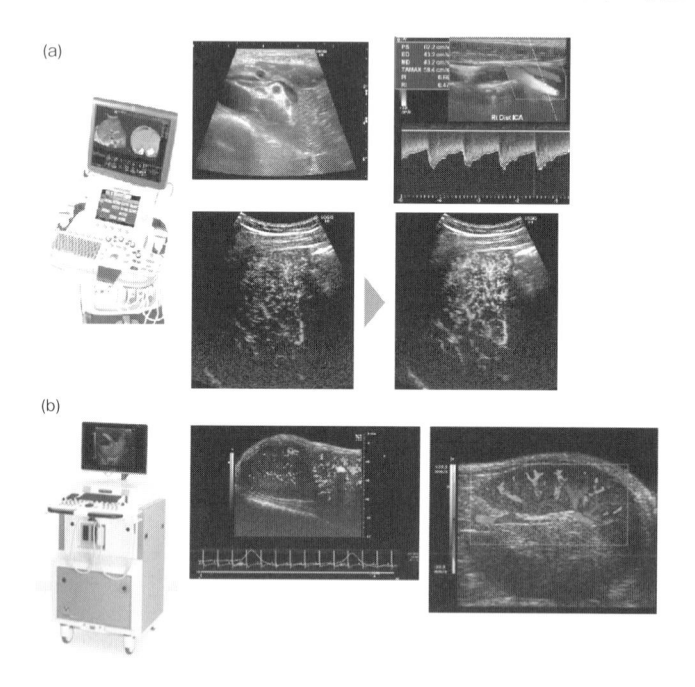

図 3.15　超音波イメージング．
　　　　(a) 臨床用超音波イメージング装置（GE Healthcare）．画像は B モード法，カラードプラ法，および造影剤による血管造影．（画像提供：GE ヘルスケア・ジャパン）
　　　　(b) 前臨床用超音波イメージング装置（VisualSonics）．30 μm 近い空間分解能を達成．画像はマウス同所性肝がんに造影剤を投与した画像と血流を示すカラードプラ画像．（画像提供：プライムテック）

の併用,例えば超音波ガイド下に組織生検やドレナージを実施する等,親和性が高い.

一方で,反射波強度には定量性がなく,骨やガスが存在する部位では,反射・散乱が著しく生じるため,例えば成人脳やガスの多い腹部や骨盤周辺では観察が困難となる.また,生体の広い範囲を簡便に撮像可能な CT や MRI と異なり,目的部位に対して的確にプローブを押し当て検査を進める必要があり,操作者の技量によって精度が大きく変化することが問題点である.

断層イメージングとしては B (brightness) モード法と呼ばれる手法が一般的で,超音波の照射・受信の位置をずらしながらエコーの強さを信号輝度としてマッピングする.血流を評価する際にはドプラ効果を利用したドプラ法が使用され,血流速度を定量的に評価可能であり,断層像と血流を重ねて表示する手法がカラードプラ法として使用される.心血管を始めとする血管の検査に加え,腫瘍内血流の評価も可能である.前臨床装置では空間分解能が 30 μm 前後と極めて高く,腫瘍内での微小循環の評価に使用できる.

新しい技術の開発も活発である.照射した超音波の周波数は,生体を通過する際に波形が歪み,倍音(高調波:harmonics)が発生する.ハーモニック法はこの高調波(通常,2 倍の周波数)の成分を用いて画像化することで,アーティファクトの少ない組織像が得られる(組織ハーモニック法).最近では,超音波の位相を反転させた二つのパルス波を使用する位相変調法や二つのパルス波の強さを変える振幅変調法など,ハーモニック成分を効率よく抽出する手法も開発されている.また,複数のプローブを配置することで,リアルタイムに三次元画像を取得する試みや標的化造影剤の開発など,先進的な取り組みが続いている.さらに「光・超音波イメージング法」という新しい計測法が研究されている.これは,組織が光エネルギーを吸収して生じる温度変化や組織の膨張を超音波の速度変化として検出するもので,断層画像への応用や熱エネルギーへの変換効率の高い金粒子などの DDS との組み合わせが期待できる.

・超音波診断用造影剤

気体は血液や組織との音響特性が大きく異なることから,強い反射波を生じる.また,微小気泡は超音波照射により共振,音圧が強い場合は崩壊・消失する現象が起き,その際に多くの高調波を発生させる.近年,生体内

で安定した微小気泡が開発され，二つの超音波診断用造影剤が国内の臨床において心筋灌流や腫瘍血流の評価に利用されている．一つは 1999 年に発売された，ガラクトースの溶解により発生し，パルミチン酸によって安定化される微小気泡（Levovist®）で，投与後，毛細管を通過可能な 8 μm 以下の微小気泡が全身の血流に分布し持続する．もう一つは，ペルフルブタンによる微小気泡であり，血管造影に有用であるほか，細網内皮系と呼ばれる貪食細胞群に補足されるため，肝臓ではクッパー細胞の分布に依存したコントラストを呈し，クッパー細胞の分布が少ない肝腫瘍の診断に利用される．研究中あるいは臨床試験中の微小気泡も多数存在する．例えば，殻（シェル）をもち，超音波照射による崩壊が生じやすく，より多数の高調波を長時間発生させるものや，平均粒径がより小さく血中半減期が長いもの，クッパー細胞の貪食能がより高いものなどが開発されている．

超音波診断の最大の特徴は普及台数が極めて広い点であり，また他の手法との親和性が高い点がある．興味深いことに，微小気泡は MRI の磁化率をも変化させるため [34]，容易に複合化した造影剤の作成が可能であり，また標的化に関しては他のモダリティと共通する点も多い．材料学としては微小気泡の改良や表面修飾，標的化あるいは複合化に対して，多くの貢献が期待される．

3.7 おわりに

本章では，医療および前臨床研究に使用される生体断層イメージングについて，その概要をまとめた．材料学の観点から共通して貢献できる点は，やはり造影剤（プローブ）の高機能化や複合モダリティ化であり，今後，DDS による標的性の付与によって，より特異的な診断あるいは高精度な検証が可能になると期待される．近年，多くの医療機器で共通の画像形式がサポートされ，重ね合わせに対応した解析ソフトウェアも多く登場しており，情報技術の観点からはモダリティ間の障壁は小さくなった．しかし，現状のマルチモダリティは単純に検査の種類を増やし，診断の労力と時間および医療費を増やすだけという見方もある．目的に最適なイメージング手法を選択し，複数の情報が融合し，最終的によりシンプルなものとなった結果，医療や研究における高い価値を引き出すことができると考えられ，その際の鍵となるのが，機能性の高い「賢い」プローブの開発であると思われる．

最後に将来展望を述べたい．イメージングに関して言えば，単一の手法で全ての方法論に取って替わるような究極の生体イメージングが登場することを期待したいが，全く新しい物理現象が発見されない限りは難しく，紹介したような複数のイメージング手法がそれぞれの長所を生かした形で今後も並列すると思われる．その際，低コスト化によって簡便かつ迅速な検査法として広い普及を促す方向性と，高解像度化や複合イメージングを含めた高付加価値という方向性が，各機器において想定され，二極化すると想像する．材料学はこの二つの方向性に対してともに貢献できる．すなわち，多少の性能を犠牲にしながらも低コスト化によって途上国にも広く普及した機器に対して，次世代型のプローブや造影剤は，そのコストダウンを補って余りある新しい価値を遍くもたらすことができ，それは医療経済の変革に直結する可能性がある．また，センサーを含めた多機能性のプローブは，最先端の高解像度あるいは治療を含めた複合機器と併用することで，従来不可能だった難病や重症例に対する診断や治療に新しい希望をもたらすかもしれない．今後も各機器のハードウェア性能の改善は緩やかながらも継続すると考えられ，並行して材料学の分野から革新的なイメージングプローブが続々と登場することが強く期待される．

引用・参考文献

1) P.C. Lauterbur: *Nature*, **242**, 190 (1973).
2) T.F. Massoud and S.S. Gambhir: *Genes. Dev.*, **17**, 545 (2003).
3) S. Ogawa, T.M. Lee, A.R. Kay and D.W. Tank: *Proc. Natl. Acad. Sci. USA*, **87**, 9868 (1990).
4) T. Atanasijevic, M. Shusteff, P. Fam and A. Jasanoff: *Proc. Natl. Acad. Sci. USA*, **103**, 14707 (2006).
5) S. Saito, I. Aoki, *et al.*: *Radiat. Res.*, **175**, 1 (2011).
6) T.L. Chenevert, P.E. McKeever and B.D. Ross: *Clin. Cancer Res.*, **3**, 1457 (1997).
7) P.J. Basser, J. Mattiello and D. LeBihan: *Biophysical journal*, **66**, 259 (1994).
8) K.M. Ward, A.H. Aletras and R.S. Balaban: *J. Magn. Reson.*, **143**, 79 (2000).
9) S. Zhang, M. Merritt, D.E. Woessner, R.E. Lenkinski and A.D. Sherry: *Acc. Chem. Res.*, **36**, 783 (2003).
10) M. Hoehn *et al.*: *Proc. Natl. Acad. Sci. USA*, **99**, 16267 (2002).
11) E.M. Shapiro *et al.*: *Proc. Natl. Acad. Sci. USA*, **101**, 10901 (2004).

12) A.Y. Louie *et al.*: *Nat. Biotechnol.*, **18**, 321 (2000).
13) W.H. Li, G. Parigi, M. Fragai, C. Luchinat and T.J. Meade: *Inorg. Chem.*, **41**, 4018 (2002).
14) M.P. Lowe *et al.*: *J. Am. Chem. Soc.*, **123**, 7601 (2001).
15) L.M. De Leon-Rodriguez *et al.*: *J. Am. Chem. Soc.*, **124**, 3514 (2002).
16) Y.J. Lin and A.P. Koretsky: *Magn. Reson. Med.*, **38**, 378 (1997).
17) R.G. Pautler, A.C. Silva and A.P. Koretsky: *Magn. Reson. Med.*, **40**, 740 (1998).
18) T. Watanabe, T. Michaelis and J. Frahm: *Magn. Reson. Med.*, **46**, 424 (2001).
19) I. Aoki, Y.J. Wu, A.C. Silva, R.M. Lynch and A.P. Koretsky: *Neuroimage*, **22**, 1046 (2004).
20) Z. Zhelev, R. Bakalova, I. Aoki *et al.*: *Chem. Commun. (Camb.)*, **7**, 53 (2009).
21) R. Weissleder *et al.*: *Nat. Med.*, **6**, 351 (2000).
22) B. Cohen *et al.*: *Nat. Med.*, **13**, 498 (2007).
23) W. Aung *et al.*: *Gene. Ther.*, **16**, 830 (2009).
24) V. Wagner, A. Dullaart, A.K. Bock and A. Zweck: *Nat. Biotechnol.*, **24**, 1211 (2006).
25) W.J. Gradishar: *Expert Opin Pharmacother*, **7**, 1041 (2006).
26) R. Bakalova *et al.*: *Anal. Chem.*, **78**, 5925 (2006).
27) P.M. Winter *et al.*: *Arterioscler Thromb. Vasc. Biol.*, **26**, 2103 (2006).
28) S. Kaida *et al.*: *Cancer. Res.*, **70**, 7031 (2010).
29) E. Terreno, D.D. Castelli, A. Viale and S. Aime:*Chemical. Reviews.*, **110**, (2010).
30) C. Yoshida, A. B. Tsuji *et al.*: *Nucl. Med Biol.*, **38**, 331 (2011).
31) R. Weissleder, C.H. Tung, U. Mahmood and A. Bogdanov: *Nat. Biotechnol.*, **17**, 375 (1999).
32) J. Yamane *et al.*: *Journal of Neuroscience Research*, **88**, 1394 (2010).
33) H. Hori, Y. Ozeki *et al.*: *Prog. Neuropsychopharmacol. Biol. Psychiatry.* **12**, 1944 (2008).
34) J.S. Cheung, A.M. Chow, H. Guo and E.X. Wu: *Neuroimage*, **46**, 658 (2009).

索　引

【英数字】

activatable probe, 68, 88
BOLD 効果, 62
B モード法, 93
cAMP, 49
CEST, 65
click chemistry, 46
CT, 55, 58, 83
DDS, 3, 70
DWI, 65
EPR 効果, 14, 70
FISH 法, 23
fMRI, 62
FRET, 45
Gd 造影剤, 66
HER2, 31
MALDI, 44
MEMRI, 68
MMP, 36
MRA, 64
MRI, 5, 56, 58
MR 血管造影, 64
NIRS, 90
NMR, 41, 55
PEG, 15, 70
PET, 5, 55, 58, 72
PET4 核種, 75
QUAL, 25
RIT, 79
RI 内用療法, 78
SNP, 24
SPECT, 5, 55, 58, 72
SPIO, 67
Staudinger ligation reaction, 46
T_1, 59
T_1 時間, 59
T_2, 59
T_2 時間, 59
theragnosis, 7, 14, 56
X 線造影剤, 85
X 線透視, 83

【あ】

一塩基多型, 24
一分子イメージング, 89
イメージング, 1
イメージングプローブ, 2
陰性造影剤, 67
インテグリンレセプター, 15
エンドサイトーシス, 44
エンドソーム, 31

【か】

カーボンナノチューブ, 70
界面活性剤, 39
化学交換飽和移動, 65
核医学イメージング, 72
核酸, 21
拡散強調画像法, 65
核磁気共鳴, 9, 40, 55
間質系, 70
γ 線イメージング, 74
緩和時間, 59
緩和速度, 59
緩和能, 59
緩和率, 59
基質特異性, 35

キナーゼ, 37
吸収イメージング, 90
吸収促進, 3, 11
近赤外光イメージング, 90
近赤外線分光法, 90
金属イオン, 48
金ナノ粒子, 25, 37
クロスファイアー効果, 79
蛍光 in situ ハイブリダイゼーション法, 23
蛍光イメージング, 86
蛍光共鳴エネルギー移動, 45
検出効率, 10
酵素, 35
抗体–抗原反応, 29
個別化医療, 70
コンピュータ断層撮影, 83

【さ】

サイクリック AMP, 49
再生医療, 7
再生骨, 17
再生治療, 7
細胞イメージング, 67
細胞内局在変化, 33
細胞ラベリング, 19
酸化鉄微粒子, 67
三次元断層イメージング, 89
磁化移動, 65
自家蛍光, 87
磁気共鳴イメージング, 5, 56
自己連結消光, 25
脂質・糖質, 21
質量分析, 44
常磁性ナノ粒子, 72
徐放, 3
診断, 8
診断薬, 5
スピン–格子緩和, 59
スピン–スピン緩和, 59
生体蛍光イメージング, 86
生体発光イメージング, 90
生体反応, 21
生体分子, 21
生理活性小分子, 21
セラグノシス, 7, 14, 56
造影剤, 66
組織抑制法, 62

【た】

ターゲティング, 3, 36
ダイナミック CT, 86
縦緩和時間, 59
単光子放出断層画像, 5, 73
単純 X 線画像, 82
断層イメージング, 86
タンパク質, 21
超音波イメージング, 91
長寿命化, 3
治療, 14
対消滅, 73
デンドリマー, 37, 70
動脈血スピン標識法, 63
毒性, 10
ドラッグデリバリーシステム, 3

【な】

内照射療法, 78
ナノメディシン, 56
脳灌流画像法, 63
脳機能画像法, 62

【は】

ハイブリダイゼーション, 23
発光イメージング, 86
パルスシーケンス, 56
反応活性小分子, 49
光イメージング, 86
光・超音波イメージング法, 93
非侵襲的イメージング, 40, 72, 86
フラーレン, 14, 70
分子イメージング, 7, 15, 56

ペルオキシダーゼ, 29
放射性同位元素, 72
放射性標識プローブ, 72
放射免疫療法, 79
飽和移動, 65
ポリエチレングリコール, 15, 70
ポリマー微粒子, 37

【ま】

マグネビスト, 12
マトリックス支援レーザー脱離イオン化法, 44
マトリックスメタロプロテアーゼ, 36
マンガン増感 MRI, 68
ミセル, 11, 70, 72
モレキュラービーコン, 24

【や】

薬剤送達イメージング, 56
薬剤送達システム, 3, 70
陽性造影剤, 66
陽電子放出断層画像, 5, 72
ヨード造影剤, 85
横緩和時間, 59

【ら】

リガンド分子, 51
リポソーム, 70
量子ドット, 71
両親媒性, 43
緑色蛍光タンパク質, 27
ルシフェラーゼ, 90
励起光, 86

最先端材料システム One Point 10 *Advanced Materials System* *One Point 10* **イメージング** *Imaging* 2012 年 8 月 10 日　初版第 1 刷発行 検印廃止 NDC 492.8 ISBN 978-4-320-04434-0	編　集　高分子学会　　ⓒ 2012 発行者　南條光章 発行所　**共立出版株式会社** 　　　　郵便番号 112-8700 　　　　東京都文京区小日向 4-6-19 　　　　電話　03-3947-2511（代表） 　　　　振替口座　00110-2-57035 　　　　http://www.kyoritsu-pub.co.jp/ 印　刷　藤原印刷 製　本　ブロケード 　　　　　　　　社団法人 　　　　　　　　自然科学書協会 　　　　　　　　会員 Printed in Japan